豪華客船の診察室

—航海診療日誌—

商船三井客船㈱・船医
尾崎《おざき》　修武《おさむ》

株式会社
新興医学出版社

まえがき

蒼茫たる大海原。見渡す限りの紺碧の海と大空に浮かぶ純白の雲。そして、遠ざかっていく白い航跡……。海のロマンを満喫するには豪華客船に乗ってクルーズに出掛けるに限る。

ぼくが船医になった理由は、豪華客船に乗って外国に行ったりクルーズを楽しんだりしようというような考えからではなくて、ぼく自身が海と船が好きだったからだと言うのが正直なところだ。「一昔前までは公務員の定年は五十五歳だったのだから…」という訳で、自分が五十五歳になったその翌年に、残りの人生は自分の好きなことをして過ごそうと考えて、それまで勤めていた病院の外科部長の職を辞して船医になったのだった。

船医は全科にわたった診療をしなければならない、ということはあらかじめわかっていた。だから、船医になることを心に決めた時から、公衆衛生学の教科書を始め救急医学や脳神経科学、整形外科から老年医学、小児医学、そして心電図や腹部エコー、心疾患、糖尿病、挙句の果てには旅行医学、等々の本を片っ端から読み漁り勉強し直したのだが、それらの本を読み直しながら感じたことは、今まで如何に自分が外科―それも甲状腺外科を主とした内分泌外科―という狭い領域の医学だけでもって患者を診てきたかということだった。そういう意味では、船医になったことによって、それぞれの患者を一人の人間としてみることができるようになったと言っても、決して過言ではないように思う。医師としての原点に立ち戻ることができた、と言うと少し大袈裟か。

　船内の診療所を訪れる患者は、大時化《しけ》の時には動揺病（船酔い）のために一時間に五〇人を超えることもまれではない。しかし、海が穏やかな時には一日に多くて十五人から二〇人くらいまでなので、一人の患者を診るのに十分な時間を費やすことができる。患者の訴えを納得のいくまで聴くことができるし、病気や病状について時間をかけて説明することができる。多忙な外科部長時代にはなかなかできなかったことだ。それを今実行しているのだというつもりで、日々の診療に当たっている。

本書は、ぼくが船医になり乗船勤務が始まってから、船内の診療所で診てきた患者や遭遇した疾患のなかで、特に印象に残る症例や場面を記録した診療日誌である。一話一話が読み切りなので、話の内容や時間的関係が相前後するところがあるかもしれない。しかし言い換えれば、どこから読み始めて貰ってもよいようになっている。本書によって、船医としての仕事の内容がより明瞭になって、船医は船医なりに一所懸命仕事をしているのだということがおわかり頂ければ、望外の喜びである。

豪華客船の診察室　目次

その一　虫垂炎……一
その二　乗組員の死亡……十一
その三　心臓マッサージだ！……十九
その四　マラリアの患者発生……二十八
その五　急性心筋梗塞……三十七
その六　歯科の患者……四十六
その七　N氏とK氏……五十五
その八　コックの怪我……六十四
その九　乗組員の生活習慣病……七十四
その十　肩関節脱臼……八十四
その十一　鼻血の話……九十三
その十二　不眠と自殺企図……一〇二
その十三　肉片による窒息……一一二

その十四　中学生の指の骨折……一二一
その十五　C型肝炎と肝細胞癌……一二九
その十六　慢性呼吸障害の急性増悪……一三七
その十七　歯冠充塡物を誤嚥した……一四六
その十八　ベトナム性角結膜炎？……一五四
その十九　降圧薬服用者の足背浮腫……一六三
その二十　第十四回世界青年の船……一七二
その二十一　真夜中の電話……一八二
その二十二　コレラの予防接種の件……一九〇

その一　虫垂炎

平成十年の四月に、それまで勤めていたI病院の外科部長の職を辞して商船三井客船の船医になり、「ふじ丸」と「にっぽん丸」の乗船勤務が始まった。定年を五年後に控えた五十五歳の春だった。

「ふじ丸」は二万三千トンあまり、「にっぽん丸」は二万二千トンたらずで、共に旅客定員六〇〇人の豪華外航クルーズ客船である。両船とも日本一周などの日本近海のクルーズをはじめ、香港や上海、グアム・サイパン方面によく出掛ける。その他にも「ふじ丸」はオーストラリア一周クルーズなどに、「にっぽん丸」も年に一度は世界一周クルーズに出かけている。

船医の仕事は、船客はもちろんのこと一四〇人近くいる乗組員の健康管理と病気や怪我の治療である。乗船中は二十四時間勤務で日曜も祭日もない。急患が出ると夜中でも叩き起こされるので、毎日当直しているようなものだ。病院に勤務している時にはわからなかったが、開業医の先生方の辛さがわずかばかりでもわかるような気がする。二十四時間拘束は正しく精神的に疲れる。それでも、航海中の決められた診療時間は午前九時から十一時半までと午後三時から五時半までで、しかも寄港して停泊中は一応休診となっているので、急患がない限り自分の時間がたっぷりあるのが救いである。

経済効率が優先する社会構造上わが社も混乗（外国人も雇用して乗船させること）で、乗組員の約半数はフィリピン人だ。民族が異なると当然のことながらさまざまな点で文化も異なる。特に食文化の違いは大きいため、乗組員食堂では日本人用とフィリピン人用のまったく異なる二種類の食事が毎回出される。それとなしに見ていると、彼らは穀類を相当たくさん食べるようだ。そのせいだろうか、彼らには急性虫垂炎が比較的多くみられる。ところが彼らには、鼻風邪をひいてもすぐに抗生物質を服用する習慣があるので、いざという時に抗生物質が効きにくいことが決して少なくない。

船医になりたてで「ふじ丸」に乗船していた時の事だった。回航（次の出港地まで船客のない空船《からぶね》で航海すること）で神戸に向かうため夕方に尾道を出港した。神戸の入港時刻は翌日の午後二時だったので、その夜は時間調整のために瀬戸内海でドリフティング（エンジンを止めて錨を下ろさずに漂うこと）の予定だった。

船医の私室《キャビン》でビールを飲みながら本を読んでいると、午後八時過ぎになってからフィリピン人のスチュワードが腹痛を訴えてやってきた。診ると、右下腹部に比較的広範囲に強い圧痛が認められ、筋性防禦もブルンベルグ徴候も顕著で、熱も三十八℃近い。腹膜にも炎症が波及した典型的な急性虫垂炎の所見である。よく訊くと昨日の午後あたりから痛みだしたという。今日の日中はまだ尾道に停泊していたのになぜ早く受診しなかったのかと言ってみても仕方なく、すでに船は瀬戸内海を漂っている。

すぐに患者を病室に収容し、二種類の抗生物質をそれぞれ静注と点滴で投与開始して、キャプテンに「急性虫垂炎の患者が出て所見が強いので近くの港に緊急入港したほうがよいと思う」と報告した。しかし彼の返事は、「できるだけ予定通りに運航したいので押さえられるだけ押さえてみてほしい」というものだった。

以前は、急性虫垂炎の患者が出ると船内の診療所で切除術を行なっていたという。ところが最近は患者の輸送手段が進歩したために、より安全な方法がとられるようになった結果、よほどでない限り船内では開腹手術を行なわなくなっている。腰椎麻酔用の麻酔薬も搭載していないのが現状だ。

ぼくは、いざとなれば局所麻酔ででも虫垂切除を行なう覚悟で、「できるだけやってみましょう」と言って患者の治療に専念した。しかし、午前二時を過ぎても痛みは一向に治まらず、むしろ所見は腹部全体に及ぶようになり熱も三十九℃を越えるようになった。患者は脂汗を流しながら苦しがっている。

ついに午前四時になってから、七階の操舵室《ブリッジ》に上がっていって当直の一等航海士に、一言「そろそろ限界のようですよ」と告げた。すべてを察知していた彼は、「わかりました。ただちに船を動かして神戸に向かいます。キャプテンには私から話しておきます。着岸は朝八時頃になると思います」と言ってくれた。彼に後光が射したと思ったのは錯覚だったか。

「ふじ丸」は一等航海士の言ったとおり午前八時に神戸に入港した。接岸の手間ももどかしく、待機していた救急車に患者を乗せて近くの病院に急行した。超音波検査の画面に映し出された彼の虫垂は直径三㎝くらいに腫脹し、周囲に液体が貯溜していた。急性化膿性虫垂炎と限局性腹膜炎の所見だった。あと六時間も待っていたら虫垂は破れて腹膜炎は腹部全体に波及していたに違いない。後でキャプテンが「あんなに早く進行するものですか」と言うので、「だから急性虫垂炎というんですよ」と返事しておいた。

平成十一年の秋、総務庁の「第十二回世界青年の船」で「にっぽん丸」に乗船した時にも、フィリピン人のスチュワーデスが虫垂炎になった。東京を発ってケープタウンからアフリカの東海岸を回り、シンガポールに向かうべく、アラブ首長国連邦のドバイを出港した翌日だった。出港の二日ほど前から右下腹部痛を自覚し、少しずつ強くなってきたという。ドバイを出るとシンガポールまでは丸八日間、どこにも立ち寄らずにインド洋を航行する予定になっている。この時こそ、なぜもっと早く受診してくれなかったのかという思いが強かった。

彼女の場合、局所の圧痛は強かったが比較的限局しており、デファンスもブルンベルグ徴候もみられず熱も三十七・五℃くらいだった。キャプテンには、急性虫垂炎の患者が発生したこと、所見はさほど強くないので抗生物質で叩いてみること、しかしフィリピン人なので抗生物質が効きにくいこともあり得ることなどを報告して、ただちに治療に取りかかった。

なにしろインド洋をあと一週間近くかけて渡りきらなければならない。彼女にも二種類の抗生物質を静注と点滴で投与した。まさに、効いてくれと祈るような気持ちだった。幸い、日が経つにつれて痛みも次第に治まり熱も平熱になって、四日目頃にはほとんど所見はなくなった。それでも、万が一ぶり返されると大変なので、念のために内服で抗生物質の投与を続けた。後で聞いた話だが、操舵室《ブリッジ》では万一に備えていつでもカラチかムンバイあるいはコロンボに入港できるように、航海図を引いていたという。

内服の抗生物質の量が少しばかり多過ぎたためか、彼女はシンガポールに入港する直前から上腹部痛を訴えるようになっていた。それでシンガポールに入港後、胃潰瘍を疑って港の近くにある船員病院に彼女を連れていった。

シンガポール人の若い内科医は、外科医のぼくに言わせればあまりにも簡単な診察をした後に血液検査で白血球数が正常であることをみたうえで、眼鏡越しに「本当に虫垂炎だったんですかねえ？」とあたかもぼくの診断を疑うように言った。頭にカチンときたぼくは、「おめえさんは、そん時の所見も何も知らねえからそんな無責任なことを言ってられるんだろうけどよお。インド洋のど真ん中じゃあ色々と大変なんだぜ！」と言い返してやった。それでも脳味噌の冷静な残り半分は、彼女の虫垂炎が治っていることを知っておおいに安堵していた。

そして数日前にも同じようなことが起こった。「にっぽん丸」は一ヵ月間の東南アジア周遊クルーズの途上、シンガポールに立ち寄った。今回シンガポールは入れ出し（朝入港し同じ日の夕方か夜には出港すること）なので、乗組員は皆忙しく立ち働いていた。

朝九時に入港して間もなく、フィリピン人のスチュワードが臍部を押さえ前屈みになりながら診療所にやってきた。彼の場合もステレオタイプ的にまったく同じで、二日前から臍部痛を自覚し、今朝になって我慢できなくなって受診したという。診ると、臍部から右下腹部にかけて強い圧痛に加えてすでにデファンスとブルンベルグ徴候が明らかだ。微熱もある。

ぼくはただちにセカンドパーサーに、「急性虫垂炎で手術が必要と考えられるので、病院受診の手配を頼みます」と電話連絡した。彼は当初、どうしても受診が必要かと訝ったが、限局性の腹膜炎を起こしている可能性もあるからと丁寧に説明した。船医になる前だったら「医者の俺がそう言ってんだから、文句を言わずに早く手配したまえ！」と怒鳴っていただろうが、今では冷静なる説明と説得を旨としている。ぼくも変わったものだ。頭がさらに白くかつ薄くなってきたのはその見返りだろうか。チーフパーサーは「何でもっと早く受診しなかったのでしょうかねえ、この忙しいのに」と、憤懣やる方ないという感じだ。

船員病院では、件《くだん》の内科医が前回と同じような手抜きの診察を行なった。腹部を軽くしか押さえないので圧痛がはっきりしない。患者も痛みを我慢している様子だ。ここで手術ということになると下船させられて本国送還になり給料もストップということになるから、できることなら手術を受けずに帰船したいのだ。そのあたりの心理はこちらもすでにお見通しなので、「我慢してないで、正直に答えなさい」と諭し、件《くだん》の内科医には「明らかなデファンスとブルンベルグ徴候があるんですよ！」と助言した。彼は、「白血球数を調べて超音波検査を行ないます。検査結果によってすぐ手術になるか入院して経過をみるかのどちらかになります」とのたまった。ぼくは、何で今すぐに手術をしないんだと思いながら、一人で帰船した。「にっぽん丸」は夕刻、彼を一人病院に残したまま予定どおりシンガポールを出港した。その後の患者の様子が気になっていたが、三日後に代理店から「腹痛がさらに強くなり鎮痛薬も効かなくなったので、その日の夜に虫垂切除術が行なわれた」とファックスが入った。

乗組員が寄港地の病院で治療を受けると、治療費や入院費、さらには本国への送還費用などは会社が負担することになる。また、予定の航路を変更して緊急入港することに伴う諸経費が数百万円になることもまれではない。したがって、船医が現地の病院受診を要請するからには、正しくしかも確固たる診断が要求される。受診した病院での診察や治療の結果はその都度報告が入るので、自分の診断が正しかったのか間違っていたのかは一目瞭然なのだ（あくまでも、受診した病院の医師の診断が正しいと仮定しての話だが）。

たいした検査機器も揃えていない船内の診療所で正しい診断を下すためには、詳しい病歴の聴取と大脳辺縁系を最大限に働かせた視診・嗅診・触診・聴診・打診、そして味診（?）などが何よりも大切なのである。

アラスカのソイヤー氷河にて

その二　乗組員の死亡

その時「にっぽん丸」は新潟を出港して、東京に向かうべく酒田市の沖合いを航行していた。平成十一年の九月初めの、残暑の厳しい時だった。

夕食を終えて七時のBSニュースを観ていたところ、フィリピン人クルーが「ドクター！　同僚が変なのですぐに部屋にきてください！」と叫びながら船医私室に飛び込んできた。一体どうしたのだと尋ねてみても、「とにかく、急いで！」と言うばかりだ。彼の様子からただごとではないことを察知したぼくは、看護婦にすぐくるように電話したあと隣りの診察室に立ち寄り、往診カバンを取って地下二階のフィリピン人クルーの船室《キャビン》に急いだ。その間二分たらずだった。

船室《キャビン》では、フィリピン人のスチュワードがベッドに仰向けに横たわっており、同僚の一人が「おーい、どうしたんだよおー！」と泣きべそをかきながら盛んに彼の手や腕をさすっていた。当のスチュワードは、チアノーゼのためにどす黒くなり、すでに七、八秒に一回くらいの下顎呼吸の状態だった。

ぼくはただちに彼をベッドから床に引きずり降ろして心マッサージを始めた。そして気管内挿管を行なおうとしたが、扁桃腺が両側とも著明に腫大し下咽頭も強い浮腫のために喉頭が展開できない。心マッサージの合間に三回試みたが三回とも食道挿管になってしまう。気管内挿管を諦めてラリンゲアルチューブを挿入したが、看護婦がアンビューバッグを押しても空気はほとんど肺に入っていかない状態だった。

ボスミンを心腔内に注射して心マッサージを続けたが心臓の拍動はついに再開せず、瞳孔は散大して対光反射もなく、治療開始から二〇分後に彼の死亡を確認した。

ぼくはチーフパーサーに、フィリピン人クルーが急死したことを報告した。現場に到着した時には下顎呼吸とはいえまだ呼吸があったので、死因は急性心不全として診断書を書いた。海上のことなので新潟海上保安部へはキャプテンが念のため報告を入れたが、「ドクターの診断書があるので、そのまま航海を続けて東京に帰港して下さい。形式的にしろ検視は東京海上保安部が行なうことになります」との返事だった。

　東京入港は明後日の朝九時の予定である。遺体を病室のベッドに安置して死後処置を施した後、同僚のフィリピン人クルーによる告別式が執り行なわれた。彼らは船客に気づかれないように静かに集まってきて病室はいっぱいになったが、いつまで待ってもキャプテンの姿が見えない。ぼくは船長室に電話して、これから告別式が執り行なわれるので出席してほしい旨伝えた。彼は当初、「どうしても出席しなければいけないですかねえ」と言っていたが、「だって、彼もわれわれと同じ乗組員なんですよ」というぼくの言葉に、チョッサー（チーフオフィサー＝一等航海士）を伴って出席してくれた。

　彼らのほとんどはカトリック信者なので、一人が聖書を読んで告別の言葉を述べ、声を押し殺しながら皆でお祈りをした。そして、一人ずつお別れの挨拶をした後にそれぞれ自分達の船室《キャビン》に戻っていった。最後にフィリピン人クルーのチームリーダーが、「キャプテンが出席してくださって、皆感謝しています」とぼくに耳打ちした。

実は、それからが大変だった。それまでも大変だったから、それからも引き続き大変だったというべきだろう。いくら船内は冷房が効いているとはいえ、残暑の厳しい九月の初めだ。明後日の朝九時過ぎまでの間、遺体を冷凍しておかなければいけない。

　このような場合に備えて、船内にはマイナス二〇℃の遺体用冷凍保存箱があるのだ。血清などを冷凍保存するタイプの大型のやつと思えばよい。もちろん、食品の冷凍保存庫とは別にしてある。遺体を入れる大きなバッグもちゃんと準備されている。彼の大きな身体をそのバッグにやっとの思いで収納し、担架に乗せて船客のいないのを道々確認しながら、文字どおりこっそりと船尾にある冷凍保存箱まで運んでいった。

　彼の遺体を冷凍保存箱に収納しようとしたが、彼の身長のほうが保存箱よりも少し長いではないか！　膝を折り曲げた状態ではなんとなく変だし、首を傾げた状態ではなおさらおかしい。仕方なく、肢を伸ばして腰を少し曲げた状態にして、なんとか冷凍箱に押し込んで蓋を閉じた。

　やれやれこれで明後日の朝東京に入港するまで一安心、と思ってその夜は床に就いた。しかし、それだけではすまなかった。

翌日の夜になってチーフパーサーから電話が入った。明日の朝東京に入港する時には遺体が解凍された状態にしておいて欲しいというのだ。よく訊くと、彼の遺体をフィリピンまで空輸するに際して、東京で業者が防腐処置を行なう必要があるからだという。いったん冷凍されたものが自然解凍されるためには今の時期何時間くらいあればよいのか。ぼくは学生時代に学んだ法医学の知識を総動員した結果、大雑把に八時間から十二時間くらいでいいだろうと結論した。それで、せっかく苦労して冷凍保存箱に入れて冷凍しておいた遺体を夜中になってから再び運び出した。夜の夜中にこんなことをしていると、まるで墓を暴いているような錯覚に捕われる。死後硬直と冷凍効果のために曲がらない手足が冷凍箱のあちこちに当たり、運び出す時のほうがよほど難儀だった。やっとの思いで病室のベッドに安置して夜の明けるのを、そして「にっぽん丸」が東京に帰港するのを待った。

東京に入港すると一番に、海上保安庁の係官が乗り込んできた。「ドクターの診断書があるので、検視は形式的なものです」と言いながら、主に外傷の有無を調べていた。遺体を横にして背部を調べる時、口の中から真っ黒い血液が少量流れ出した。ぼくはそれを見て、遺体は十分解凍されていると確信した。検視の後、彼の船室の検分と第一発見者の事情聴取が行なわれたが、体表に外傷はなく事件性がないことから海上保安庁の検査は問題なく終了した。

相前後して、遺体保存業者がやってきた。彼らは彼らなりにひととおり遺体を検分し、死亡時の状況を詳しく尋ねた。訝るぼくに、「いやね。もし仮に事件だと、われわれは関わり合いたくないものですからね」と慇懃《いんぎん》に説明した後、「これならちょうどいい具合に防腐処置ができるでしょう。あとはこちらで遺体をお預かりいたします」と言った。

彼の遺体は同僚のフィリピン人クルーにより「にっぽん丸」から降ろされて、埠頭で待機していた業者の霊柩車に積み込まれた。舷門《ギャングウェイ》から霊柩車までの間はフィリピン人クルーが両側に一列に並び、彼の遺体に最後の別れを告げていた。もちろん、ぼくもその列の中にいた。

I病院を辞めて船医になる一年ばかり前に、ぼくより六歳年上の長姉が大腸癌で亡くなった。その時の模様を「鎮魂歌《レクイエム》」と題して「日本医事新報」のメディカルエッセイ欄に投稿したところ、それを読んだ友人たちからはそれなりの評価をいただいた。それで勢いづいてというべきか調子に乗ってと言うべきか、主にぼくが見送った患者のことを綴って、その後もメディカルエッセイ欄に掲載していただいた。

連載された「鎮魂歌《レクイエム》」の別刷をチーフパーサーに差し上げた。乗船勤務のかたわら小説を書いていて日本ペンクラブの会員でもある彼は、別刷を読んだ後で「それで、ドクターは病院を辞めて船医になったんですね」と話した。なるほどそういう見方もできるのかと、ぼくは思った。

ぼくがI病院を辞めたのは、確かに広い意味でのいわゆる「燃え尽き症候群」のためだったのかもしれない。いくら最良と考えられる治療をしても、結局のところ死んでしまう患者がいるのだ。死亡した患者数の多寡が問題なのではなくて、精神的にどれほど患者の近くにいたかが大切なのだ。ぼくの場合は、近すぎたのかもしれない。「過ぎたるは猶及ばざるが如し」か。

患者は死ぬ運命にあったのだと考えればよいのだろう。人間はいずれ死ぬのだと割りきればよいのに相違ない。たいていの場合、医師はそのように考えて患者の死に対応しているのだろうし、ぼくも表面的にはずっとそのように考え続けてきた。その分だけ、人の死に関して鈍感になってしまっているのは否めない事実だと思う。

上海のテレビ塔

その三　心臓マッサージだっ！

　卒業してすぐ、ぼくは内科で研修していた。研修医たちは病棟や医局でゴロゴロしながら、夜遅くまで本を読んだり指導医《オーベン》の話を聞いて耳学問したりするのが常だった。

　それは、花見の時期も終わり生暖かい風が吹き始めた頃だった。肝硬変の末期患者が個室に入院していて、一年先輩のやや小柄の女医殿が主治医になっていた。その晩、彼女は看護婦詰所でカルテを書いていたが、準夜勤の看護婦が病室からナースコールでその女医殿を呼んだのは、ぼくたち研修医が屯《たむろ》しながら何やら雑談していた時だった。

　彼女はさっと顔色を変えて詰所を飛び出していった。これは大変だぞと直感したぼくもやや置いて詰所を飛び出して病室に入ったが、次の瞬間、目の遣り場に困ってしまった。彼女がベッドに飛び乗り患者に馬乗りになって心マッサージをしていたのだ。スカートは捲《めく》れあがり白い太股が露《あらわ》に出て、その奥まで丸見えではないか！　しかし、彼女はそんなことには一向に頓着する様子もなく一心に心マッサージを続けている。しばらくの間茫然と眺めていたぼくはやっと我に返り、彼女の職業意識の高さに感服しながら、そして目の前にちらつくものをもったいなくも払いのけながら、「先生代わりましょう」と言って心マッサージを手伝ったのだった。

船医になって一ヵ月あまりが過ぎようとしていた五月中旬頃だった。「ふじ丸」はその日の午後東京港を出て、レジャークルーズで瀬戸内海へ向かった。

船客のディナーも終わり、引き続きパシフィックホールで行なわれたメインショーも好評のうちに幕となって、船客はショーの余韻を楽しみながら三々五々ソーシャルダンスの会場に向かったり自分たちの船室《キャビン》に戻ったりして、辺りはやっと元の静寂を取り戻していた。

五階の船室《キャビン》から往診依頼があったのは、そんな時だった。海は穏やかで船は全く揺れていない。まさか船酔いではあるまいと思いながらよく訊くと、ダンスから帰ってきてから、六十一歳の奥さんが腹痛と便意を催したと言ってトイレに入ったきりなかなか出てこないという。外から声をかけると「ウン」と返事はあるものの、いくら息んでもなかなか「ウンコ」が出ないらしい。せっかくの豪華客船のクルーズなのに、よほどウンがついてないようだ。

　奥さんのトイレが長かろうとそんなことはこっちの知ったことではないのに、なぜ夜遅くわざわざ電話してこなければいけないのかと、心の中ではぶつぶつ言いながらもそこはお客様のこと、「とにかく伺ってみます」と返事して看護婦と連れ立って五階の船室《キャビン》まで出かけた。医療は第三次産業の中でサービス部門にランクされているのだ。

　船室《キャビン》では、小柄な御主人が落ち着かない様子で、まるで動物園の熊よろしくうろうろしていた。どんな具合なんですかと尋ねると、先ほど血便が出たらしいと言って不安そうにしている。しばらく待ってみたがトイレの中は森閑としていて、人の動く気配が全くない。ドアの外から「いかがですか」と声を掛けてみるが、一向に返事がない。これはどうもおかしいと直感し、「失礼！」の掛け声と共にトイレのドアを開けてみて、驚いた。

　その奥さんは、トイレの背部にもたれかかり白目をひん剝いて上方を睨んでいるではないか！　口唇にはチアノーゼがみられ両腕はだらりと下がっている。これは一大事。看護婦と一緒に、まるまると太った奥さんをスッポンポンのままトイレから引き摺り出して、えいっ！とばかりにベッドに仰向けに転がした。何でこんなに重たいの?と思いながらも診ると、呼吸はしていないし心音も聴こえない。ただちに心マッサージを始めた。十回くらい心マッサージをした頃だったろうか。彼女は一声「ウーン」と唸ったかと思うと息を吹き返し、ひん剝いていた白目も元どおりになった。

　幸いなことに、患者の心臓はその後も動き続けた。しかし血便が続いたため、

神戸港

以後のクルーズに未練を残す患者と御主人を説得し、翌朝神戸に緊急入港して下船してもらった。船医が乗船勤務しているとはいえ、船という特殊性からどうしても爆弾を抱えているわけにはいかないのである。

同じ年の十一月。夕食が終わって船医の私室でパソコンを叩いていると、チーフパーサーが「ドクター、来てっ！　お客が冷たくなってるっ！」と叫びながら飛び込んできた。飛び込んでくるのが、若くて可愛い女性なら大喜びで大歓迎なのだが、物事しばしばこちらの思いどおりにはいかないもので、ちっとも可愛くないひげ面のチーフパーサーだったりごついフィリピン人クルーだったりして、しかも緊急事態であることがほとんどだ。できることなら願い下げたいのだが、なかなかそうもいかない。

チーフパーサーの後に続いてメインショーを開演中のパシフィックホールに行ってみると、前から数列目のところで初老の男性が座席に崩れ落ちている。腕は冷たく脈は触れない。呼吸をしている様子もない。チーフパーサー達はもう諦めているのか、ホールの後部で見たくないものを遠巻きに眺めているといった格好だ。ぼくは、仕方なく一人でその男性を席から引き摺り下ろし、狭い通路をホールの後方に向かって引っぱり始めた。「このくそ重いのに、他のパーサー連中は一体何をしているんだ?!」と思いながら引き摺っていたが、次の瞬間、心マッサージだ！　人工呼吸だ！という声が脳味噌の上のほうで早鐘のように鳴り響いた。

ぼくは通路の途中でその男性を引き摺るのを止め、衆目の中、心マッサージとマウス・トゥ・マウスの人工呼吸を始めた。狭い通路で心マッサージと人工呼吸を一人でやるのはいかにも大変だが、他にやれるものがいないのだから仕方ない。そのようなぼくを、いと高き所で誰かさんが眺めていらしたのだろうか。この時も、十回くらい心マッサージと人工呼吸を繰り返した頃に、幸いにもそのおじさんは息を吹き返してくれた。

こうなれば、もうこっちのものだ。ホールの後部で成り行きを眺めていたスチュワード連中に担架を持ってくるように言い、一階の診療所まで運ばせた。今まで何もしてなかったんだからお前たち運べっ！　てなもんだ。なお、尿失禁しているのが担架に移す時に確認された（患者がであって、ぼくではない。誤解のないように）。診療所のベッドの上ではすでに意識が戻り、見当識は正常で神経症状もない。

心臓の聴診では胸骨左縁に六分の三の収縮期駆出性雑音が聴取されたのみで、収縮期血圧も一三〇mmHgだった。念のためにとった心電図でも一度の房室ブロック以外に異常所見はみられなかった。

一段落ついてほっとした途端、ぼくは七十一歳のおじさん（その頃にはM氏と判明していた）にマウス・トゥ・マウスの人工呼吸をしたことを思い出して、急に気分が悪くなった。すぐに船医私室に戻ってウイスキーで含嗽をしたのだが、そのウイスキーはもったいないのでそのまま飲み込んでしまった。大概のばい菌どもは、アルコールと胃酸で死んでしまうに違いない。

ところで、M氏を病室に収容しようとした（豪華客船には診療所の隣りにベッドを二つ有する病室があるのだ）が、どうしても自分の船室《キャビン》に戻るといって聞かない。奥さんが一緒でもあるので、何か変わったことがあったらすぐに知らせるように言って、そのまま船室《キャビン》に帰らせた。「明日予定されているオプショナルツアーは中止して船内で安静にしていたほうがいいですよ」と言っておいたが、そのおじさん、翌朝になるとツアーに出かけてしまった。おいおい。船医の言うことを聞かないで仕様がないなと思いながらも、一方では、一度心臓や呼吸が止まってもここまでよく回復させられるとはたいしたものだと自分を褒めてみたり、それならあとは患者自身の責任でやりなさいと事態を覚めた目で眺めたりした。
ちなみに、M氏は最後までクルーズを楽しんで、元気に下船していった。クルーズ代に支払った金額分は是が非でも元を取るという根性には、呆れるやら感心するやら。世の中にはたいした人がいるものだ。

ぼくは心マッサージをするたびに、研修医時代にぼくの目の前で心マッサージを行なって見せてくれた一年先輩の女医殿のことを思い出す。しかし、記憶のどこか一部分だけがまるで霧がかかったようにぼんやりしているのは、目の前にちらつくものをもったいなくも払いのけてしまったせいなのか、あるいはあれからもう何十年も経ってしまったためなのか、ぼくにはわからない。

［追記］

ぼくはこの五月の下旬に、新緑の屋久島・種子島クルーズで「ふじ丸」に乗船していた。大阪の天保山埠頭から出港してしばらくすると、初老の夫妻が診療所にやってきた。「一昨年の秋にこのふじ丸で先生に命を助けていただいたものです」と言う。「えっ！　ひょっとしてMさんですか？」と言うと同時に、ぼくは思わず彼の脚を見た。脚はちゃんとあった。「クルーズが終わってから先生の紹介状を持って病院を受診したところ、大動脈弁狭窄症と診断され、弁置換術を受けてこんなに元気になりました。病院の先生が、船のドクターは命の恩人ですよと言われました」と言いながら、M氏は深々と頭を下げた。

その四　マラリアの患者発生

船医として乗船勤務していて、特に外国に出かけると、国内の日常診療ではまずお目にかかることのない疾患に出くわすことがある。そのような時には、医学書をひっくり返したり、持てる知識を総動員してひたすら考えたりするのだが、一番の決め手になるのは、「どこか違うぞ?!」という、いわば直感のようなものだ。

これも、平成十一年の秋に総務庁の「第十二回世界青年の船」でアフリカ方面に行った時のことである。

アフリカには地方病として黄熱が蔓延しているが、黄熱以外にも注意しなければならないものにマラリアがある。マラリアによる死亡者数が全世界で年間二〇〇万人（二〇〇人ではない！）にものぼることは、案外知られていない。死亡率の高いのは熱帯熱マラリアで、抗マラリア薬に耐性を持つものが増えていることもその原因の一つであるという。

マラリアに罹らないためには、マラリア原虫を媒介するハマダラカに刺されないようにすることだ。ハマダラカは夜間に吸血行動を起こすので、夜間に出歩かなければまず問題ない。しかし、最近の人間は全世界的に夜行性の動物になりつつあるようなので、どうしても夜間に出かけてしまう。そのような場合には、長袖の上着を着て長ズボンをはくようにするしかない。さらに、昆虫忌避剤を使うと蚊に刺されることをかなり高率に予防できる。

それでもなおかつ心配な場合には、最後の手段として抗マラリア薬を予防的に服用することになる。しかし、抗マラリア薬には痙攣発作やうつ反応、眩暈、頭痛など中

ケープタウン港。テーブルマウンテンを望む

枢神経系の副作用がみられることがあるので、安易に投与することはもちろんのこと、強制的に投与することも避けなければならない。

「にっぽん丸」は十月四日に南アフリカのケープタウンを出港し、アフリカ大陸を左舷《ポートサイド》側の水平線上に見ながら快適な航海を続けていた。突然現れる鯨に心を躍らせたり、海豚《いるか》のジャンプを楽しんだりするのも束の間のこと、六日の午後になってタンザニアの女性団員が熱発で受診してきた。

その頃、船内で風邪は流行っていなかったが、機関長が数日前から軽い発熱と咳と咽頭痛を訴えていて、感冒と診断して治療していた。タンザニア嬢の熱は三十九℃を越えていて時々軽い空咳をしている。二、三日前から不穏感があり、なんとなく熱っぽかったという。咽頭に発赤はなかったが、ぼくは風邪だろうと考えて感冒薬を処方し、インダシン坐薬を使って熱を下げるように指示した。

彼女は翌七日の午後、三十九・六℃の熱発で再受診してきた。昨日はインダシン坐薬で解熱したが、今日の午後になって急に悪寒戦慄を伴って熱が出てきたという、珠のような汗が額を流れている。

これだけの発熱でありながら、咽頭に発赤はなく扁桃腺も腫れていないし、頸部にリンパ節の腫脹もみられない。胸部の聴診でも呼吸音などに異常は聴かれず、泌尿器系の異常も訴えない。食欲は？と尋ねると、熱発時はなかったが熱が下がると普通に食べられて、船内活動も皆と一緒にやっていたという。

感冒はもちろん、急性上気道炎にしてはどうもおかしい。症状と所見とが合わないのだ。

なにしろここはアフリカである。これはひょっとしてマラリアによる熱かもしれないと思い、ケープタウンでの活動状況と今までマラリアに罹ったことはないかどうかを尋ねてみた。しかし、彼女はなんとなくすっとぼけていて、返事が要領を得ない。母国のタンザニアでは看護婦をしているというのに、である。上目遣いにぼくを見るのはなぜだろう。症状と所見とが合わないことをよく説明して、ぼくは少し詰問するように同じ質問を繰り返してみた。

果たせる哉、ついに彼女は白状した。実は去年もマラリアと診断されてクロロキンを服用したというではないか！　おお、おお、やはりそうであったか！　ぼくも看護婦も一瞬色めき立った。しかし、これは大変だと思うよりも、自分の勘が当たった喜びのほうが大きかった。後でタンザニア嬢自身から聞いたのだが、彼女はマラリアがばれると「青年の船」を中途下船させられるのではないかと心配していたのだった。

船では、検査機器が揃っていないので満足な検査はできない。通常は、ほとんど検査はせずに、経過と症状を正確に把握し所見を的確に観取することで診断を下すのだが、重篤な神経症状を伴う危険性のある抗マラリア薬を用いるとなれば、治療的診断にはよほど慎重でなければならない。現に、問診で痙攣などの既往歴も家族歴もないのに、予防的に服用して痙攣発作でひっくり返った乗組員が一人いたのだ。ぼくは、抗マラリア薬のメフロキンを投与して治療を始めることを心の中で決めてはいたが、念のために血液検査を行なってみることにした。

指先穿刺で血液を採取して塗抹標本を作りギムザ染色を行なうことにしたが、末梢血のギムザ染色は三十年以上も前の研修医時代以来のことである。しかも船はわずかながらでも揺れている。一抹の不安はあったが、意を決して「臨床検査法提要」の手順どおりに染色を行なってみた。そして、でき上がった標本を顕微鏡で見て、このぼくもまんざらではないと思った。

染色は少し濃いめではあったが、マラリア原虫の環状体らしき物体を数個の赤血球内に認めたのだ。しかし、マラリア原虫の環状体なんて代物は学生時代の医動物学実習でも見たことがない。海老沢功博士の『旅行医学』の図版と見比べてみても、本当に環状体かどうかまったく自信がないし、ましてや熱帯熱マラリアのものか三日熱マラリアのものか、あるいは卵形マラリアのものか、皆目わからない。それでも、さらに念のために行なったマラリアの免疫血清反応テストであるパラサイトFの検査で、沈降線が熱帯熱マラリア以外のところで確認された。ぼくは、マラリアに間違いないと確信した。

早速、治療量のメフロキンを処方し、十日に入港するタンザニアのダル・エス・サラームの現地医療機関で診察を受けるよう指示した。「青年の船」の継続参加は明日以降の臨床経過次第だが、これ以上発熱がなければたぶん大丈夫であろうと話すと、彼女は一瞬ほっとしたような表情を浮かべた。茶褐色の身体が一瞬柔らかくなったように見えた。ぼくは、どうかメフロキンに対する耐性がありませんようにと、インド洋とモザンビーク海峡のネプチューン殿に祈りを捧げた。

　タンザニア嬢は翌八日の午後にもクリニックを訪れたが、満面の笑顔であった。午後になっても熱発はないし食欲も旺盛だと、太目の身体を揺すりながら言う。「これなら青年の船を続けられますね」と言う彼女に、「あと二日間熱が出なければね」と伝えたが、もう熱は出ませんよという自信のような気配を広い背中に残しながら、彼女はクリニックを引き上げていった。そして、翌九日になっても熱は出なかった。彼女は食欲もあり元気に船内活動に参加していた。

「にっぽん丸」は予定どおり十日の午前八時二十分にダル・エス・サラームに入港した。ここはタンザニア嬢の母国なので、ナショナルリーダーに付き添ってもらって彼女は早速病院に出かけていった。もうよくなっているという自信があるためか、もしマラリアと診断されたらという不安よりもどこか嬉々としている風で、重そうな身体も心なしか軽やかに見えた。

　そして、診察結果の返事を持って帰船してきた時には、さらに軽やかになり、まるでいっぱいに膨らんだ風船のようだった。しかし、その顔の片隅には一抹の不安が残されていた。現地の医者がなんと言おうが、引き続き船旅を続けられるかどうかの最終判断は、シップドクター（つまり、このぼく）が下すことをあらかじめ伝えていたからだった。

　診察した現地の医師は、話を聞いただけで「ああ、それはマラリアでしょう」と、いとも簡単に、まるでたいしたことでもないように言い、末梢血の塗抹標本でマラリア原虫の環状体を証明したという。そして、「これを処方されました」と言ってタンザニア嬢は紙袋からクロロキンを取り出して見せながら、「あれから熱は全然出ません」と、大きな胸をさらに突き出して笑顔で言った。しかしその目は、「だから青年の船を続けても大丈夫でしょう?」と真剣に問いかけていた。

　ぼくは念には念を入れて、明日の朝まで熱が出なかったら最終的にOKとしようと返事し、すでにメフロキンを治療量服用しているのでクロロキンは必要ないと説明しておいた。

　翌十一日は、ダル・エス・サラームを出港する日であった。クリニックが開くのを待ちかねていたように朝一番にやってきた彼女は、どこまでも澄み切ったアフリカの空のように晴々とした顔つきをしていた。熱はなかった。ぼくがOKだよと言ってウインクしてみせると、よほど嬉しかったのだろう。「ありがとう、ドクター!」と言いながら茶褐色の手でぼくの手を力いっぱい握りしめた。痛かった。しかし、嬉しかった。

「にっぽん丸」は、次の寄港地であるアラブ首長国連邦のドバイに向けて、予定どおり午後五時にダル・エス・サラーム港を後にした。そしてその後、十月二十八日にシンガポールに入港して「第十二回世界青年の船」が終了するまで、タンザニア嬢は平熱を保ったのだった。

その五　急性心筋梗塞

大学を卒業したぼくは、一年間の自主研修の後に母校の第二外科に入局した。インターン闘争真っ只中の当時、インターンの理念には賛同しながらも研修中の経済的保証や研修カリキュラム等々の問題から、四三青医連のメンバーとして一年間、内科と麻酔科と外科で自主研修を行なったのだった。

第二外科は、一般外科のK教授がわが国における内分泌外科の草分けであり、助教授が脳外科を、講師陣が心臓外科や血管外科を担当していて、頭のてっぺんから足の先まで何でもこいという体制だった。ぼくはK教授に学位のテーマをもらって甲状腺に関する研究をしたが、臨床では心疾患の患者の主治医にもなり、術後の循環呼吸管理はもちろんのこと、症例によっては助手として心臓の手術にも携わった。それは、教授が心臓外科のN教授に代わった後も、講師として内分泌外科を任されるようになるまで続いたのだった。

「ふじ丸」は、瀬戸内海周遊クルーズで午後四時に晴海埠頭を後にした。明石海峡大橋や来島海峡大橋を眺めながら初夏の瀬戸内を満喫するクルーズである。午後六時から乗組員食堂で夕食をとった後に船医私室で寛いでいると、若い甲板員が飛び込んでくるなり、「クウォーターマスター（Q／M＝操舵手）が苦しんでいるので部屋にきてください！」と叫んだ。

ぼくはすぐに地下一階にある彼の船室《キャビン》に駆けつけた。新聞の記事などでは現場に駆けつけるのは警察官と相場が決まっているが、医者だって時と場合によっては駆けつけるのだ。しかし、医者はあまり長距離を全速力で駆けつけてはいけない。現場に着いても、自分の心臓の鼓動ばかりが耳元でドッキンドッキンと高鳴るばかりで、当てた聴診器が一向に役に立たないからだ。

五十三歳のQ／Mは、びっしょりと汗をかいて顔面蒼白でベッドに仰向けに横たわっていた。六時半頃夕食をとっている時に急に激しい前胸部痛を自覚したため、食事を中断してなんとか自室に戻りベッドに横たわったという。発汗のためか、あるいは心機能低下のためか皮膚は冷たく、脈は不整はないがやや微弱だ。

血圧は一一〇／七〇mmHgでやや低めである。心音に雑音はない。少し和らいだとはいえ、まだ前胸部痛があり息苦しいという。咄嗟《とっさ》に、彼がヘビースモーカーであり、定期健康診断の報告書に高脂血症とあったのを思い出した。

経過と症状から、単なる狭心症の発作というよりは、むしろ心筋梗塞と考えるべきだろう。それはわかっているのだが、何分にも船医になるまでは外科部長としてもっぱら外科的治療に専念してきたので、急性心筋梗塞の新鮮例を診るのは実は初めてなのだ。しかし、そんなことを曖気《おくび》にでも出して看護婦の不信をかったり患者の不安を招来したのでは、船医の威信に関わる。ここは一息大きく深呼吸して落ち着いたふりをした後、ニトロールを舌下投与して酸素吸入を開始した。心電図をとると、STがやや上昇してT波が高くなっている。心筋梗塞の可能性が高いと思ったが、この所見だけでもって緊急寄港を要請する自信はまだない。

ぼくは、点滴ルートを確保した後にペンタゾシン三〇mgを静注して疼痛の緩和を図った（船には麻薬を積んでいないのだ！）。そして十五分後に再度心電図をとったところ、果たしてV_1からV_5にかけて浅いQ波とSTの著明な上昇を認めた。これなら誰が見ても急性心筋梗塞に間違いない。

心電図モニターのできる除細動器をQ／Mの船室《キャビン》に持ち込んでモニターを始めたが、幸い、心室性期外収縮や重篤なブロックなどは見られず、収縮期血圧も一一〇mmHg前後を保っている。いざという時のためにリドカインを注射器に吸い、点滴用のドーパミンのボトルとともに枕元のテーブルに並べて置いて、後を看護婦に頼んで緊急寄港を要請すべく七階の操舵室《ブリッジ》に上がっていった。

「ふじ丸」は浦賀水道を抜けて相模灘に入っていた。海はさほど時化《しけ》てはいなかったが、風が強く三メートルあまりの大きなうねりがあった。キャプテンは「明日の朝には神戸に入港できるので、それまで待てませんか」と言う。以前にフィリピン人クルーが急性虫垂炎になり神戸に緊急入港した時のキャプテンである。

ぼくは今度は毅然と、「いいえ、そこまで待てません。急性心筋梗塞なので、いつ心臓の働きが弱ったり心臓が止まる原因になるような脈の乱れが出るかもしれないのです。その上、治療が早ければ早いほど、心臓の血管に詰まっている血液の塊が融けて血液が再び流れ出す可能性があるからです」と、できるだけ平易な言葉を使って辛抱強く懇切丁寧に説明した。素人に十分納得してもらえるように説明するのはまさに疲れることだが、船上では緊急寄港などの最終的な決断はキャプテンがくだすのだから、必死になって説得にこれ努めた。

ぼくとしては、ただちに引き返して横須賀に入港するのが時間的に一番早いと思った。しかし、キャプテンはしばらく考えてから、「清水あたりはどうでしょうかねえ。あそこにはタグボートの会社で懇意にしている人がいるし、この風とうねりを考えると、あの港が一番いいと思うんです」と、ぼくに同意を求めてきた。

入港の予定時刻を訊くと、真夜中頃になりそうだという。念のために、横須賀に引き返すのはどうでしょうかと尋ねてみたが、横須賀に引き返すと運航計画が大幅に遅れるのでそれは無理だとの返事だ。海上保安庁のヘリコプターを要請することも考えられるが、この風で患者を担架ごと吊り上げるのは危険を伴うので、自分としてはできるだけ安全な方法をとりたいとのことだった。

確かに、少なくとも現時点では血圧は保たれているし重篤な不整脈も見られない。ましてや心臓マッサージをしている状況でもない。ぼくは、キャプテンの心はすでに決まっていると判断し、「それではできるだけ早くお願いします」と言い、操舵室《ブリッジ》を後にして階段を降り始めた。

船上では船長がマスター（イギリス風にはキャプテンのことを文字どおりマスターという）であり、最終責任は彼にあるのだ。戦場でも部下の安全を第一に考える人が人間的な意味では優秀な指揮官なのだろう。しかし、ヘリコプターで担架ごと患者を吊り上げる危険と、治療開始時間が遅れたために生じる危険とを天秤に掛けてみる必要はないのだろうか、などと階段を降りながら考えてみる。しかし、いずれにしても、こちらにはもうこれ以上の責任はないのだと考えると、急に気が楽になってきた。船の上ではくよくよ考えないことが大切だ。

患者の船室に戻ってみると、Q／Mは前胸部痛のために時折顔を顰《しか》めているが、幸いなことに血圧は一一〇／七〇mmHgくらいを保っている。心室性期外収縮が一分間に数回の頻度で出現しだしているが、ショートランではない。重篤なブロックも見られない。これ以上重篤な不整脈が出ませんようにと祈りながら、疼痛を和らげるべくペンタゾシンの管注をその後二回繰り返した。

重症の患者がある時には、なぜかしら他の入院患者は平穏であることが多いものだ。船医と看護婦が重症のQ／Mに付きっきりになっていることを知ってか知らずか、大きな揺れにもかかわらず船酔いその他で診療所を訪れる船客は一人もいなかった。

ぼくは時々、患者の監視を看護婦に任せて自室に戻って缶ビールを飲んだ。最悪の場合、重篤なブロックや不整脈が頻発して除細動や心マッサージを行なわなければならなくなった時に備えて、エネルギーを補充しておく必要を感じたからだった（もっとも、これは自分勝手な言いわけでしかないことは百も承知だった）。

そうこうしている間に、清水厚生病院のＣＣＵの当直医と船舶電話で連絡がとれ、患者の状態や緊急入港の予定時刻などを詳しく報告することができた。「港に救急車を待機させておきます。万全の準備をして待っていますから」という言葉が、まるで神様か仏様の甘い囁きのように聞こえた。信仰心とはこのような時に生じるものなのかもしれない。

幸運なことに、その後血圧はさほど低下せず、ショートランもたまにごく短時間だけ出現する程度で、Ｑ／Ｍは比較的安静を保っていた。「ふじ丸」が清水港の湾内に入りタグボートが接舷したのは、真夜中の十二時を少し回っていた。Ｑ／Ｍをベッドから担架に移す時、ぼくは絶対安静を命じ、フィリピン人クルーの屈強そうなのを四人ばかり呼んで、まるでツタンカーメンを捧げるように頭と胸部と腹部と下肢とを腕で支えて移させた。

「ふじ丸」からタグボートに乗り移る時はスリル満点だった。清水港の湾内とはいえ、タグボートはかなり大きく揺れている。「ふじ丸」の舷門《ギャングウェイ》からQ／Mを乗せた担架を移す瞬間は、タグボートの揺れに合わせて「せーのー、せーのー、よし今だっ！」というわけで、担架を持つ六人が一団となってドドドッと乗り移った。担架を水平に保つべく細心の注意を払うように命じたのは言うまでもない。担架という代物は、左右のバランスが崩れると乗っている患者は簡単に引っ繰り返って落ちてしまうものだ。Q／Mを海に落としてしまっては元も子もない。

ぼくもQ／Mのすぐ横にいて、携帯用の酸素ボンベと点滴パックを持って一気に乗り移った。タグボートに乗り移ってから「ふじ丸」を見上げると、数人の船客が四階のプロムナードデッキで事の次第を眺めていた。夜中の十二時を回っているというのに、物好きな船客もいるものだ。

岸壁には予定どおり救急車が待機していた。救急隊員には患者の臨床経過と船内での治療状況をかいつまんで説明して医師宛の紹介状を手渡し、Q／Mにはこれで大丈夫だから安心するように話してから、「ふじ丸」に帰船すべくただちにタグボートに乗り込んだ。「ふじ丸」は、ぼく達が帰船するのを待ちかねていたかのように、清水港を後にしたのだった。

翌日の朝、明石海峡大橋を通過して間もない頃に、清水厚生病院から船舶電話が入った。ただちに冠動脈造影を施行した結果、左前下行枝が根部で完全に閉塞していたが、幸いなことに血栓溶解薬で再開通したとの返事だった。ぼくは、昨夜のうちに緊急入港した結果Q／Mが適切な治療を受けられたことを喜び、今回の作戦に関わったすべての人たちに感謝した。

タグボート（神戸港にて）

その六　歯科の患者

日本船籍の外航客船（外国航路に就く資格を有する客船）では、一部の例外を除き乗船勤務をしている船医は一人きりなので、当然のことながら全科にわたって患者を診なければならない。医科ならまあ、なんとかなるだろうと高をくくっているのだが、こと歯科に至っては、多くの場合お手上げに近い。豪華客船といえども歯を削るドリルは搭載していないし、仮にあったとしても、あんな代物を使いこなせるはずがない。ところが、船上では歯のトラブルで受診する船客が結構多いのである。旅行中に限って歯の具合が悪くなる、と言ったのは誰だったっけ。

歯のトラブルで一番多いのは、なんといってもインレーやクラウンなどの歯冠充填物の脱落だ。これは御自身経験のある人も多いと思うが、食後に爪楊枝を使っている時とか、チューインガムを噛んだり、キャラメルを食べたりしている時に多い。お餅を食べている時にもよく取れてしまう。

ぼくは船医になってまだ二年余りしか経っていないが、インレーが脱落したために船内の診療所を受診した患者は、四人や五人どころではない、六人あった。しかし、不思議なことにというべきか、幸いなことにというべきか、取れたインレーを飲み込んでしまった人は一人もいない。「これが取れちゃったんですけど」と言いながら、半分気恥ずかしそうに、半分不満そうに、取れたインレーを差し出す。

一番初めは船医になって一ヵ月も経たない頃だった。初老の男性が、取れたインレーを恭しく掌に載せて受診してきた。見ると、大臼歯の比較的広くて浅いやつで、合わせてみると欠損部にぴったり嵌《はま》る。しめた！　このままくっつければなんとかなるぞ！　と一瞬喜んだが、薬品棚の引き出しや冷蔵庫を捜してみても歯科用の接着剤らしきものは見当たらない。どうしたものかとしばらく考えて、ふと思いついたのがアロンアルファーだった。あれならうまい具合にくっつくに違いない。なにしろオートバイのタイヤまで瞬間的にくっつけてしまうというスグレモノだ。

早速パーサーズオフィスから取り寄せて、くっつけてみたところまさにぴったりとくっついた。患者に「いかがですか？」と尋ねてみると、「まさか直してもらえるとは思いませんでした。とても好い具合です」と感激している。まさか直してもらえると思わないんだったらくるなと言いたいところだが、喜ぶ患者を見ながらそれまでの思案はどこへやら、どうですと言わんばかりに、「まあ、こんなところで我慢してください」と、ぼくは大きな顔をしていた。思いもかけない事態に直面して、それになんとか対応できた時の喜びは大きいものだ。

その後陸上休暇になって、自分の歯を治してもらいにかかりつけの歯科医を受診した時にその話をしたところ、「アロンアルファーでも悪くはないんですけど、あれはくっつき過ぎて、本格的に治療する時に取り外すのに苦労するんですよ」という。そして、自分が使っている歯科専用の臨時（応急）接着剤を、実演を交えて教えてくれた。早速同じ接着剤を船の診療所に購入してもらったのは言うまでもない。その後は成績きわめて良好で、患者さんにおおいに感謝されている。まさに餅は餅屋だ。

特に困るのは、齲歯《うし》のためにぽっかりと穴が空いて痛みを訴えてくる患者だ。食べ物はもちろんのこと水やお湯でも激痛が走って、ろくに食事もとれないわ、夜も眠れないわで、神と仏と、おまけに世の中まで呪いながら受診してくる。

以前、ぼくにも同じような経験があった。救急病院に当直に行っていて、夕食後あたりから治療中の歯が痛み出した。鎮痛薬を飲んでもまったく無効、坐薬を使っても全然駄目で、一晩中一睡もできずに苦しんだ。歯根膜炎を起こしていたのだった。齲歯の痛みの多くは非ステロイド性鎮痛薬の内服か坐薬で対処できるが、それでも無効なことも決して少なくないのだ。

夕食後に寛いでいると、遠慮がちにドアをノックする人がいる。どうしたわけか、こういうことはほとんどの場合夕食後の寛いでいる時なのだ！　なんでちゃんと診療時間内に受診してこないんだ？と思いながらもよく見ると、前日に歯痛で受診したフィリピン人クルーで、依然として歯痛が治まらないという。齲歯で穴が空いているために、歯髄炎か歯根膜炎を起こしているようだ。

ドリルで削って麻酔薬を浸潤させた後に、リーマーで穴を広げてバーブドブローチで歯髄を引き抜いて……なんてことは到底できない相談だ。よしよし、それならこちとらにも考えがあると一人呟いて、ぼくは正露丸を取り出した（日露戦争の頃とは違って、現今はロシアに配慮して征露丸とはいわないらしい）。ぼく自身、齲歯の痛みに対して使ったことがあるからだ。効能書にもちゃんと書いてある。

　フィリピン齲歯君の洞穴はそれほど大きくなかったが、正露丸をまるまる一粒使ってその穴に押し込んでやった。半分以上は歯の周りに付着したままだったが、そんなことに頓着している暇はない。当のフィリピン齲歯君は一瞬「うわーっ」と叫んで目を白黒させたが、これでどうだっ！というぼくの迫力に押されてか、あたふたと自分の船室《キャビン》に帰っていった。ちなみに、彼はその後二度と歯のことでは診療所にこなかった。治療がきわめて有効だったからなのかどうか、ぼくは知らない。


　平成十二年の二月に、「にっぽん丸」で一ヵ月間の東南アジア周遊クルーズに行った時のことだった。日本を出て半月ばかり経った頃に、チーフパーサーの歯が痛くなりだした。左下五番目の臼歯に叩打痛があり歯肉が赤く腫れている。六番目の臼歯はすでに治療済みで金でできた立派なクラウンが被せてあり、こちらには叩打痛もなければ歯肉も腫れていない。左下五番目の臼歯に限局した歯髄炎か歯周炎か、あるいはその両方のようだ。こういうタイプの歯科受診も結構多い。

　ぼくは、炎症を押さえるべく抗菌薬と消炎鎮痛薬を処方して経過をみるように指示した。この投薬でよくなることが多いからだ。チーフパーサーもぼくの説明に納得し、服薬を続けて数日間は痛みも治まっていた様子で、その後診療所にこなかった。しかし、タイのバンコクに入港する前日になって、「明日、代理店に紹介してもらって現地の歯科を受診してきます」と言った。やはり完全には治まっていなかったのだろう。本人が行きたいと言うのなら何も止める理由はない。どうぞ、どうぞというわけで、バンコクの街に消えていく彼の後ろ姿を見送った。

夕方になってから帰船してきた彼は、なんともいえない複雑な冴えない表情をしている。手で押さえている左の頬が腫れている。よく訊くと、現地の歯科医は歯を二本も抜いたという。最初の一本は金を被せた痛くもなんともない六番目の臼歯で、抜かれてしまってからその歯ではないと必死に叫んだ結果、やっと痛みの原因になっている五番目の臼歯を抜いたのだという。ちなみに、六番目のゴールドクラウンはそのまま取られてしまったと言って、ぼやくこと頻《しき》りだった。ぼくのほうから現地の歯科医を受診しなさいと言わなくて、あーよかったと、密かに胸をなでおろした。半分はチーフパーサーに同情しながらも、半分は滑稽で可笑しくて、彼の前で笑いを堪《こら》えるのは一苦労だった。

これまた「第十二回世界青年の船」での出来事。ドバイに入港する二日前に、アラブ首長国連邦の髭面のナショナルリーダーが歯痛を訴えて「にっぽん丸」の診療所にやってきた。診ると、右下五番にかなり高度の齲歯があり、歯自体が少しぐらぐらしている。これは抜歯したほうがベターだと本人に説明しているちょうどその時に、話を聞きつけてペルーのナショナルリーダー嬢が顔を覗かせた。彼女、お国では歯科医であるという。

ぼくだって、かつて抜歯をしたことぐらいあるのだ。寒村の診療所に当直に行った晩、髪の毛がぼさぼさで化石のようなお婆さんが「歯がぐらつくんじゃが」と言ってやってきた。一言「ウッヒッヒ」とでも笑われようものなら背筋がぞーっとしていたに違いない。覚悟して口の中を覗くと、残り少ない歯の一本が、ぐらつくどころか数日後には自然に脱落してしまいそうな状態だ。どれどれと言いながらコッヘルか何かで摘んでみているうちに、局所麻酔なんかする間もなく、あっという間に取れてしまったのだった。

今回は、魚心に水心というか（ちょっと違うな?）、渡りに船というか、それなら手伝ってくださいというよりも、ぼくのほうがお手伝いしましょうというわけで、即座に国際協定が成立した。「にっぽん丸」は日本籍船だが、ここは公海上なので彼女に抜歯してもらっても医療法上問題はなかろう。

歯科医がいたことでおおいに安心している髭面君をベッドに寝かせて、彼女はキシロカインで局所麻酔をした。ぼく自身歯の治療を受ける際にしばしば麻酔をされるので、だいたいどの辺りに注射針を刺せばよいか見当はつくが、実際に見るのは初めてだ。なるほど、そこなのかと内心は思いながらも、そんなことは顔には微塵も出さないで、抜歯用の歯牙把

香港の「ふじ丸」

持器（これくらいの器械は積んでいるのだ）を差し出すと、ペルー嬢は「わー、あるんだ！」と言って感激する間もあらばこそ、えいっ！とばかりに抜歯してしまった。さすが、見事なものだった。またもや、餅は餅屋だ。

なお、主役の髭面君は自国のドバイで歯科を受診し、残った根を摘除してもらって帰船してきた。自分が抜歯した歯をよく観察して、根が残っている可能性があるので、ちゃんとした設備のある歯科医でその後の診察と治療を受けるよう指示したペルー嬢は、さすが本物の歯科医だと感心した次第だった。

その七　N氏とK氏

六月二十六日、「初夏の利尻・礼文クルーズ」に向けて神戸港のポートターミナルを発った「にっぽん丸」は、太平洋岸に沿って一路日本列島を北上した。北海道は留萌と利尻島・礼文島の初夏を満喫して横浜に帰ってくるまでの、ちょうど一週間のレジャークルーズである。

豪華客船によるクルーズの良いところは、車椅子に乗っている人でも在宅酸素療法を続けている人でも、心おきなくゆっくりと旅を楽しめることだ。荷物は宅配便が受け持ってくれるし乗下船時は屈強のスチュワード達が車椅子ごと運んでくれる。船内はエレベーター完備で船室《キャビン》にはその都度酸素発生装置を備えつけ、寄港地では観光バスが舷門《ギャングウェイ》まで迎えにきている。そして、ちゃんと船医と看護婦が乗船勤務しているのだ。飛行機や鉄道の旅ではなかなかこういう具合にはいくまい。レジャークルーズの参加者に比較的高齢者が多いのは、このようなメリットがおおいに関係している。それはそれで大変結構なことなのだが、診療所はそれなりに忙しくなる。これも当然といえば当然か。

神戸を出港したその日の午後に、早速七十七歳のN氏が紹介状を持って診療所に顔を出した。今までに何回もクルーズに参加しているいわゆるリピーターの彼は、自分の病気が肺癌でしかもすでに胸壁に浸潤してインオペの状態であることを自分でもよくわかっていた。今年の春「ふじ丸」に乗ってきた時には、疼痛に対してペンタゾシンの注射をするように依頼する主治医の書状を持っていた。その時ぼくは、癌の疼痛に対する治療は、疼痛が出ないようにすることが——つまり疼痛が出る前に、できれば麻薬系の鎮痛薬を予防的に使用することが——大切であることを、疼痛の出現（閾値）と鎮痛薬の血中濃度との関係を図に描いて説明し、麻薬系の鎮痛薬として経口の徐放性モルヒネがあることを話した。

モルヒネ、すなわち麻薬をひとたび使うと急速に体力が衰えて命が縮むと信じ込んでいたN氏は、徐放性経口薬や坐薬ではモルヒネの血中濃度は急には上昇しないことや習慣性のないこと、そして何にもまして、癌の疼痛を抑えておくことが日常生活の活動性（ADL）と生活の質（QOL）を維持するうえでいかに大切であるかという時間をかけたぼくの説明に、ようやく納得した様子だった。病院の主治医はここまで時間をかけて詳しく説明してくれなかったと言い、早速徐放性モルヒネの処方を主治医にお願いすると言って喜んでいた。

今回の紹介状には、食事が入らないために毎日点滴注射が必要である旨、記されていた。春よりも一段と目が窪み痩せが目立つN氏は、口唇も舌も乾燥して胸部痛と食思不振を訴えていたが、好きなクルーズに参加できたことで目は生き生きと輝き満面微笑みで溢れていた。

「クルーズはもう無理だと諦めてたんですけど、今『にっぽん丸』に乗船してるドクターが先生だと聞いたものですから、また乗ってきたんですよ」という奥さんの言葉は、ぼくを喜ばせた。余命幾許《いくばく》もない人が生きている間にせめて自分の好きな事をして楽しく過ごせるためにこのような形で貢献できるのだと考えることによって、医師としての自分の存在意義を再認識できると思ったからだった。

経口モルヒネは便秘がひどいためにモルヒネ坐薬に代えられていたが、なぜか一日一回の使用に限られていた。一度に五〇〇 ml の点滴は身体が辛いと言うN氏に、それでは午前と午後に分けて点滴しましょうと提案し、まだ痛みが時々あるのでその時にはペンタゾシンの注射をしてもらえますかという問いかけには、どうしても必要であればもちろんいつでも注射をしますよと返事したうえで、痛みがあっても無くてもモルヒネ坐薬を一日に二回、十二時間ごとに定期的に使用することを奨めた。そして、痛みがとれている間にできるだけ水分と食事を摂るように話した。

翌二十七日の朝「にっぽん丸」は横浜に寄港し、関東地区の船客を乗せて正午にいよいよ北海道に向けて出帆したが、午後の診療開始時間の三時を少し過ぎた頃に、癌の末期であることが一見して明らかなほど羸瘦《るいそう》の強い八十三歳のK氏が受診してきた。紹介状には、昨年の十一月に盲腸癌の手術を施行したが一部に腫瘍が遺残して皮膚に瘻孔を形成しているので毎日ガーゼ交換を頼む旨、記してあった。

K氏は歩行もおぼつかない様子で、車椅子を使わなければ診療所までこられない状態だったが、もちろん意識は清明で礼儀正しく、長くした白い髪から一見して作家を思わせる風貌だった。「こんなになっちゃって情けないですねえ」と、しきりに自分の不甲斐なさを口にしたが、かといって自暴自棄になっているのでは決してなく、自分の置かれている状況を半ば諦めながらも理性的に冷静に受け止めている様子だった。K氏はしかし、自分の病名を知らされてはいない様子だった。それはこちらの問いかけに対して、「腸の病気はポリープだったということです。いつになったら治るんですかと先生に尋ねたら、それはわかりませんと言われました」という返事が返ってきたことで、それと察することができた。

一方、N氏は、午前と午後の点滴を二日続けた頃からずいぶんと食欲が出て、奥さんも驚くほど沢山食べている様子だった。N氏本人も食事が美味しくて沢山食べられると、どこか一抹の不透明さを秘めたようでいてしかし決して陰鬱さのない笑顔で、嬉しそうに話した。癌の末期であることを自ら承知している人だけが見せることのできるような、超然とした笑顔のようにぼくには思えた。痛みも治まっていて痛みのことを心配する必要がないので食も進むとのことだった。食事が入っているので点滴は一時中止してみていいですかというN氏の提案に対して、こちらとしては反対する理由は何もなかった。「何だか少しずつ元気が出てきたので、夏か秋の日本一周クルーズにも参加したくなりましたねえ。先生はどちらのクルーズに乗船されますか」と尋ねるので、たぶん秋のほうになると思いますよと返事をすると、「それなら秋だ。ねえ」と言いながら同意を求めるように、横に立っている奥さんを見上げた。奥さんは、「それまで元気でいなくっちゃねえ」と言いながら、N氏の肩に手を置いた。

K氏はガーゼ交換のために毎日受診していたが、「この二ヵ月近くの間に一度も風呂に入ってないんですよ。いくら身体を拭いても風呂に入らないとサッパリしませんねえ」と訴えた。主治医に風呂に入りたいと話したら、瘻孔があるから風呂は絶対駄目だと言われたとしょんぼりしている。ぼくは、N氏の場合には疼痛を抑え込むことが大切であるように、K氏の場合には何とかして風呂に入れるように考えることが、QOLをより高いレベルに保つことにほかならないと考えた。

幸い、右側腹部の瘻孔口は直径二センチくらいで、ゾンデで探ってもさほど深くないようだった。ぼくが、「主治医には内緒で風呂に入りましょうか」と言うと、K氏は一瞬形相を崩し、まるで小さな子供が自分の大好きなものが手に入ることがわかった時のように目をくりくりと輝かせながら、「そうしてもらえるとありがたいですねえ」と声を躍らせた。

翌日は午後三時に診療所にきてもらい、瘻孔内にこめガーゼを詰め込んだあと大きなカットバンで瘻孔口を塞ぎ、さらにその上を幅の広いビニールテープで覆ってお湯が入らないようにした。「さあ、これで大丈夫だと思いますよ。自分の船室《キャビン》の風呂にゆっくりと入って、風呂から上がって一息ついてからまた診療所にきて下さい。もう一度ガーゼ交換をしますから」と言うと、K氏は嬉々として自分の船室《キャビン》に帰っていった。

四時半近くになってからK氏は再び診療所に顔を出した。誰がみても湯上がりとわかるほど顔を紅潮させ、石鹼の好い香りを放ちながら見るからにサッパリとしていた。「やっぱり風呂はいいですねえ。身体の芯から休まりますからねえ」と言うK氏の表情は、すでにずっと以前に心の隅に閉じ込めてしまっていた願望が思いもかけずに突然に叶えられた時に見られる喜びと安堵とに溢れていた。もしかしてビニールテープの間からお湯が入って、瘻孔内が汚染されなかっただろうかというぼくの心配は杞憂だった。もう一度ガーゼ交換をしてもらったK氏は、心なしか足どりも軽く車椅子まで歩いていき、爽やかな風とともに診療所を後にした。

そして、翌日の朝の診療が始まるのを待ちかねたようにやってきた彼は、昨夜は本当に久しぶりに良く眠れて今朝の朝食がとても美味しかったと話した。彼の言葉の端に、もはや生きるのを諦めていた人がせめてもう一度生きる努力をしてみようかという、ほんのわずかではありながらも、しかし何にも替えることのできないほどの重みを持った決意のようなものを看取したと確信したのは、ぼくの単なる妄想だったか。

好むと好まざるとにかかわらず、きわめて近い将来に確実に死を約束させられてしまっている人達がいる。その人達の残された命をわずかでも永らえさせることはぼくには到底できない。そのような人達が仮に食事が摂れたからといって、あるいは風呂に入れたからといって、歯車の回転速度が緩やかになるわけではなかろうし、ましてや歯車が逆に回り出すわけでもなかろう。本当はどうということではないのかもしれない。

しかし、善く生きているという実感とそれによって薺《もたら》される喜びは、言うまでもなく生きている間にしか味わうことができないのであり、余命が幾許もないからこそ切実であり貴重であり、そして尊いものではなかろうかと思う。彼らが、善く生きているということを実感してそれによって喜びを覚える時に、その場に居合わせた医師として少しでも手助けができたのであれば、それは翻って自分にとっても大きな喜びになるのである。

南極観測船「ふじ」（名古屋港にて）

その八　コックの怪我

船医は外科系診療科の出身者が多い。我が社には現在三人いるが、二人が外科で一人は産婦人科の出身だ。甲板部や機関部の仕事は、船内の狭くて長い階段を昇降したり、ウインチで舷梯《タラップ》や救命艇を巻き上げたりするので外傷が多いためか、あるいは高齢の船客がドアに指を挟んだり転んで捻挫したり骨折したりすることがあるからか、その理由はよくわからない。以前は、航海中に急性虫垂炎の患者が出るので船内で手術のできる医者をということだったらしい。外科系の医者は潰しがきくからだという説もある。

怪我をするのは、確かに甲板部や機関部の連中も負けてはいないが、乗組員の中で一番多いのは実はギャレーチーム、つまりコック達だ。「ふじ丸」でも「にっぽん丸」でも本職のコックが常時二十人くらい乗船勤務しているが、最大六百人の船客と一四〇人の乗組員の食事を賄うのだから、彼らはきわめて多忙だ。多忙な上に常時刃物を扱い、しかも船は揺れる。怪我をするなと言うほうが所詮無理なのかもしれない。

スーパーマリオとは似て非なるフィリピン人の小柄なMコックが、右の親指を押さえながら診療所にやってきた。手拭いが真っ赤に染まっている。どうしたのかと聞くと片言の日本語で説明しようとするので、「いいから英語で話しなさい」と促すと、半分恥ずかしそうに半分不名誉そうに話し出した。彼は中年男でありながら、いつも恥ずかしそうに話す。根が純情なのだろう。フィリピン人といってもさまざまだ。

その彼によると、野菜のスライサーで胡瓜を薄切りにしている時に、胡瓜を押し込んでいた親指まで削られてしまったらしい。まさか自分の親指を船客に食べさせようとした訳ではあるまいが、こういうことは一瞬のうちに起こるものらしい。何しろ何枚かの鋭利な刃が高速で回転して野菜をびゅんびゅんスライスしていくのだから、人間の指なんぞ所詮相手ではない。

手拭いを外してよく見ると、親指の先端が爪の先三分の一ほどのところできれいに切断されている。胡瓜と同じように一ミリずつの厚さでスライスされてしまったらしい。流石《さすが》は野菜スライサーだ！　などと感心して眺めている場合ではない。早速、オーベルストの伝達麻酔をした後、顔を覗かせている末節骨の先端をヤスリで削り、皮膚を爪側に寄せて四針で爪に直接縫いつけた。爪と皮膚の間は五ミリほど開いていたが、出血は止まっていたのでそのままにしておいた。肉芽の上に皮膚が伸びてきて表皮化するのを期待してのことだった。

コックが指を怪我するということは外科医が指を怪我することに等しく、決して同情すべきことではない。ぼくが外科医になりたての頃、指を怪我したために予定手術の手洗いができないことがあった。せめてオペ見をと思って、指に包帯を巻いたまま手術室に顔を出したところ、手術部の婦長が目ざとく見つけて「先生どうしたの？」と尋ねる。ぼくが半ば同情を期待しながら「切っちゃったんだ」と答えると、「手を怪我するのは外科医として一番の恥なんですよ！」と大釘を刺された。あの時のことは今でもはっきりと憶えている。

Mコックの怪我は化膿することもなく順調に治癒して、外見上も左とほとんど差がないほどになった。期待どおりに表皮化が起こり、さらに爪も少し伸びてきたおかげだった。なお、スライスされた親指の先端に関して、妙なものを口に頬張ったという船客のクレームはついぞ聞かなかった（真実は、指とともにスライスされて血の付いた胡瓜は全部破棄されたのだ。ご安心あれ）。

コックとして入社して乗船勤務が始まると、おやっさん（調理長）や先輩コックの指導の下に、ギャレーの各パートを順番に回って少しずつ技術を身につけていく。ぼくは料理のことは詳しくないが、ヤキモノ、ハチモノ、パン、スープなど幾つもの段階があるらしい。技術が伴う職種という点では、われわれ外科医とよく似たところがある。アッペ、ヘルニア、ヘモ、マーゲンなど、実によく似ている。同じく刃物を扱うことだし……。違うのは、方《かた》や食材相手、此方《こなた》人間相手というところぐらいか。

ぼくと同期の入社で、Aちゃんというやや小太りの愛くるしい女性のコックがいた。そのAちゃんが、しょっちゅう診療所に顔を出す。ひょっとしてぼくに気があるのかな？と思ってみたが、世の中そう甘くはない。手や二の腕に熱傷《やけど》を負ってくるのだ。やけどの形は線状だったり幅があったりで、程度は発赤から水泡形成、時に表皮が捲れて黒くなっていたりとさまざまだ。受傷直後に受診することはまれで一、二日経ってからのことが多い。

ある日、どうしてそんなにやけどを負うのか尋ねてみた。当のAちゃんは、「今、カンテキなんですよ」といつもの笑顔で屈託がない。もともとカンテキとは関西の方言で「七輪」のことらしい。大きな電熱器の上に大きな鍋を乗せて味噌汁やスープやシチューなどを作る役目で、熱くなっている鍋に手や腕のあっちこっちが当たり、アッチーと思った時はもう遅いのだと言う。

船が揺れるのは仕方がないとしても、受傷したらすぐに冷水で二、三十分間冷やしてから診療所にこなければ！　と言うと、「仕事中は持ち場を離れられないし、カンテキでは少しくらいのやけどは当たり前だと言われてるんです」と、それでも少しは申し訳なさそうな表情をみせる。コックにとってカンテキのやけどは一種の勲章みたいなところがあるようにもみえる。職場の意識改革が必要なようだ。いやはや。

総務庁主催の「第二十六回東南アジア青年の船」は、「世界青年の船」に引き続き一ヵ月半の予定でシンガポールを出港した。出帆に際してコック達はいろいろな食材を船に積み込むのだが、船が離岸してしばらくしてからSコックが診療所にやってきた。ダンボールに入ったじゃがいもを運搬中に、フロアーに落ちていたじゃがいもに右足を取られて転んだらしく、痛くて歩けないと言う。

おおまかに、歩ければ捻挫で、歩けなければ骨折と考えてまず間違いない。右の第五中足骨の基部に相当する部位が腫れて軽い皮下出血もみられ、圧痛が強い。幸い「にっぽん丸」にはレントゲン撮影装置が搭載されているので早速X線写真を撮ってみたところ、案の定、第五中足骨基部の亀裂骨折が見つかった。足先を内側に巻くようにして転倒する時によく起こる骨折で、教科書どおりだ。

これから東京に帰港するまでの一ヵ月半の間、彼は揺れる船の中でコックとして立ち仕事をしなければならない。シーネを当てるだけでは固定が不十分なので、ギプスで固定するに越したことはない。ギプス包帯もちゃんとメディカルロッカーに用意してある。

ぼくが腓骨や脛骨の線状骨折の患者をギプス固定で治療したのは、市中の個人病院に出張していた時だからかれこれ三十年近くも前になる。あの時は当然のことながらゴム製のヒールまでくっつけて、患者に感謝されてひとり悦に入ったものだった。あれからもう三十年近くも経つのか、あの頃は若かったなあなどと感慨に浸っていると、「先生、準備が出来ましたよ」と言う看護婦の言葉で、現実に引き戻された。

なにしろ、ほぼ三十年振りに巻くギプス包帯だ。ぼくはブーツ型にギプスを巻いた後、まだ固まらない内に縦に一本割を入れておいた。外科医がギプスを、それも三十年ぶりに巻いて、腓骨神経麻痺でも起こした日には、訴訟に負けるのは火を見るより明らかだ。というよりも、万が一そうなれば同僚のSコックに申し訳ないと思ったからだった。

ギプス固定がよほどよかったのか、または同時に処方した消炎鎮痛薬が効を奏したのか、その後Sコックは立ち仕事はもちろんのこと、あっちに行ったりこっちにきたり通常どおりの多忙な仕事をこなしていた。

しかしながら、松葉杖を使わずにブーツ型のギプスを巻いた足を突いて歩き回るものだから、割を縦に一本入れておいたためもあって、ギプス包帯は一週間あまりでガパガパになってしまった。ぼくは、その後の経過をみるためにX線写真を撮る時期だとか、腫れがひいた頃なので巻き直す時期だとかなんとか言って、ギプス包帯を巻き直した。

今度は自信もあったしまたガパガパになったのでは面目もないので、縦の割は入れなかった。あいにくゴム製のヒールがなかったので、設計図を画いて甲板部の大工《カーペンター》さんに木で作ってもらったものを踵にくっ付けた。我れながら上出来だと悦に入ったが、物事なかなか期待どおりにはいかないものだ。

コックの仕事場である厨房は、床が濡れていることが多い。食材の切れ端などで床が汚れると、その都度水で洗い流すためもあるようだ。その上、東南アジアのクソ暑いむしむしする気候だ。そんなこんなで、三週間も経つとSコックのブーツ型ギプスの先端はついに異臭を放つことに相成ってしまった。こうなれば、衛生的観点から取り外すよりほかかない。ところが、船内にはキャストカッターがなかったのだ！

ぼくは考えた挙げ句、大工《カーペンター》さんのところから電動のディスクサンダーを借りてきた。キャストカッターと違って、円盤状の歯が一方向にぐるぐる回るやつだ。力があまってギプスを越えるとたちまち肉を切ってしまう危険がある。大工《カーペンター》さんはそれを心配して「ドクター、大丈夫ですか？」と盛んに心配するが、もしそうなればまた縫えばよいくらいの覚悟で、そのディスクサンダーでギプスを切ることにした。

こういう場合は気持ちを楽に持つことが肝心だ。

肉を切らないように注意しながらギプスを切っていたが、半分くらい切ったところでSコックが「わーっ！」と叫んだ。おかしいな、血は出ていないから肉は切っていないはずだがと思いながらふと見上げると、なんとSコックの顔が真っ白になっているではないか。診察室の中も真っ白い煙で満ち溢れて看護婦は白い霧の彼方に霞んでいる。

本物のキャストカッターとの違いだろうか。ディスクサンダーは歯が一方向だけに回るので、切ったギプスの粉が全部Sコックの顔に当たっていたのだ。なにぶんにも船内のことで、窓を開けて換気するわけにいかない。診察室のドアを開けて看護婦に換気を頼み、Sコックには「しばらく息を止めて！」とかなんとか言いながら、ギプスカットを無事（？）終了した。

その後はシーネ固定を続けて予定どおり東京に帰港した。経時的に撮ったX線写真で骨癒合機転を確認していたが、帰国後に整形外科医の診察を受けるようにと紹介状を書いたのは言うまでもない。

晴海埠頭にて

その九　乗組員の生活習慣病

豪華客船とはいえ、時には政府や地方自治体の「青年の船」や各種企業の研修、高等学校の修学旅行などのチャータークルーズもある。しかし、豪華客船の花形はなんといっても船客を募って行なうレジャークルーズだ。世界一周をはじめ、南太平洋周遊や春と秋の日本一周、季節ごとの瀬戸内海周遊などのクルーズがそれだ。

特に長期のレジャークルーズとなると、参加者はお金と時間を自由に使える人に限られてしまうので、勢い比較的高齢者が多くなる。平均すると六十五歳から七十歳の間くらいだろうか。当然のことながら、いわゆる生活習慣病の多い年齢層ということになり種々のエピソードが出来《しゅったい》する。主人がクルーズで休暇を取っているのだから俺も一緒に休もうというわけでもなかろうが、心臓が止まったりする船客がいることは前にも書いたとおりだ。

生活習慣病はかつての成人病とほぼ同義語だが、若い頃からの食事や喫煙などの生活習慣の歪みが、年月を経て疾病という形で現れてくるものだ。この言葉、誰が考え出したのかは知らないが、言い得て妙ではある。

しかし、この生活習慣病なるもの、決して高齢者だけの問題ではなく、乗組員にも結構みられるのである。船の中は当然のことながら限られた空間だ。たとえば「ふじ丸」は全長一六七メートル全幅二十四メートルで、四階のプロムナードデッキは一周三三〇メートルあるのだが、乗組員が自分の健康のために甲板《デッキ》をスタスタと歩くことは、船客との関係などから原則として禁じられている。毎日の運動不足が根底にある。

そこにもってきて、食事が美味しいときている。なにしろ本職のコックが乗り組んで乗組員の食事も賄っているのだから、家で女房殿《かみさん》が作る食事より美味しくても一向に不思議ではない。乗組員は狭い船の中に四六時中閉じ込められて、まるで監獄の中にいるようなものだから、単調な乗船勤務では食事が唯一の楽しみになるのも十分に頷ける。

一九九九年の夏、陸上休暇を終えて「にっぽん丸」に乗船勤務が始まって間もなく、クウォーターマスター（Q／M＝操舵手）が薬を取りに診療所にやってきた。カルテの病名欄には糖尿病と記してあり、グリベンクラミドとアカルボースが処方されている。カルテをめくってみると、陸上休暇中にかかっていた病院の紹介状が貼付されて処方内容が記されているが、治療中の血糖値の推移や食事の指導内容などの記載は何もない。さらに、船内の診療所でノボアシストを用いて行なわれた随時血糖の測定は今までに一回のみで、値は一八〇mg／dlと記されている。このままでよいはずはない。

陸上の病院で糖尿病として治療を受けていたのなら、当然糖尿病患者の手帳を交付されているに違いないと思い「手帳を見せて」と言うと、当のQ／Mは「手帳って何ですか？」と訝る。HbA_1cの値を尋ねても小便をひっかけられた蛙のような顔をしているし、食事のカロリー制限について尋ねてもまるで念仏を聞いた馬だ。一体どういうこっちゃ！　可哀相なのは蛙面をしたり馬面をしたりで忙しいQ／Mだ。

血糖値が高いからというだけで、糖尿病の詳しい検査や治療の説明もせずに、ただ薬を処方しただけではないのか?!　件《くだん》の病院では、体験入院はもちろんのこと、糖尿病教室や食事会などが催されている様子はサラサラなく、まるで発展途上国の医療を垣間見ているようだ。糖尿病に関して、外科医のぼくからみても到底考えられないようなことが、わが日本の市中病院ではなお行なわれていることに、唯々愕然とした。

ノボアシストで随時血糖値を測定してみると、やはり一八六mg／dlもある。ぼくは気を取り直して、Q／Mに糖尿病の説明をした。船内の診療所は患者が少ないので、説明に時間がたっぷり取れるのがせめてもの取り柄だ。糖尿病とはどういう病気なのかから始めて、合併症にはどのようなものがあるか、そしてなぜ糖尿病が怖いのかを、詳しく話して聞かせた。ただし、あまり怖い話ばかりを強調し過ぎると恐怖心を与えてしまう危険もあるので、宥《なだ》め賺《すか》しながら説明にこれ努めた。インフォメーションなくしてコンセントはあり得ない。

ぼくは、特別に彼のためにパソコンで糖尿病手帳を作った。体重、血圧、血糖、尿糖、それに陸上休暇になって近所の病院で検査してもらう時のために$HbA_{1}c$などの欄を作り、備考欄には薬の種類と量、食後の経過時間その他を記入できるようにした。そして、血糖値の経過をみるためにしばらくの間は毎週一回ずつ検査にくるように話した。

糖尿病の怖さが漠然ながらもわかったのかそれともぼくの熱意が伝わったのか、当のQ／Mは次の週の朝一番に診療所にやってきた。少なくとも一度はFBSを調べておきたいと言っておいたからだった。果たせるかな、ノボアシストは一六四mg／dlを示し尿糖も2プラスだった。ぼくはひとまず薬の量はそのままにして、まず食事の制限と運動を指示し、エレベーターを使わずにできるだけ歩くように言った（船内には船客用に三基、乗組員用に二基のエレベーターがあるので、ついエレベーターを使ってしまう乗組員が多いのだ）。

次の週に診療所にきた時、彼は腰に万歩計をつけていた。船のショップで買ったと言う。自分の病気に対して取り組む姿勢が見られることはよいことだ。随時血糖値は一五〇mg／dlに下がり尿糖は1プラスに減っていた。半分照れたようにして万歩計を見せる彼に、この調子なら薬を増やさなくてもよいかもしれないと励ました。

慢性疾患の治療に際して大切なことの一つは、治療に励んでいる患者の努力を認め、改善した成績を評価してさらに励ますことだ。とにかく患者本人によくなろうとする意志と意欲がなければ、特に生活習慣病のように発症するまではなんの自覚症状もないような疾病を治療することはきわめて難しい。

その後、Q／Mの尿糖は陰性になったが血糖値はいくら努力しても一四〇mg／dlを切らなかったため、よく説明したうえでグリベンクラミドに替えて塩酸メトホルミンを処方してみた。その結果一三〇mg／dl台にまで落ち着いて、本人もずいぶんと調子がよいと言うまでになった。

ぼくの方が彼よりも一足先に陸上休暇になったが、下船する前に、彼が陸上休暇になって病院を受診する時のために紹介状を書いておいた。「糖尿病の食事指導を宜しく。生活指導も宜しく。場合によっては体験入院も考慮して下さい。HbA_1cの測定も宜しく！」。次回、彼と一緒に乗船勤務するのはいつになるかわからないが、何となく彼のことが気がかりではある。

船内では定期健康チェックと称して、乗組員の血圧と体重の測定を行なっている。ぼくが船医になってしばらくの間は、従来どおりに毎月、看護婦が各部署のスモーキングルームに出かけていっては、休憩時間になって煙草を吸っていたり、仕事が終わってビールを飲んでいる連中の血圧と体重を測っていた。

これに最初に疑問を抱いたのが、ぼくと同期に入社した二人の看護婦達だった。そこで、会社の厚生福祉担当者と何回かファックスでやりとりした末に、「ふじ丸」と「にっぽん丸」が同時に東京に入港し、しかも船医と看護婦が共に勤務交代するという希有な機会を捉えて、船医三人、看護婦三人、会社の健康管理担当者二人の合計八人が「ふじ丸」の診療所に集まるようにセッティングした。医務部の関係でこれだけの人数が一堂に会するのは会社始まって以来のことだったらしい。

協議の結果、上記の定期健康チェックは三、四ヵ月に一回とする代わりに、異常値を示した乗組員に対しては船医が毎月の診察から生活指導までを行なうことにした。そのほうがより実質的で有効な健康管理といえるからだった。経験による永年の既成事実を改善していくためには、相当な努力が必要なのである。

実際に血圧を測定してみると、高血圧症の診断基準を超える者は一四〇人くらいいる全乗組員中五、六人だ。これに現在高血圧症として降圧薬を服用中の者が二、三人いる。これらの乗組員の体重を測定してみるとほとんどが体重オーバーだ。各個人についてBMIを計算し標準体重を示してこれだけオーバーだから体重を減らすようにと言っても、皆おいそれとは納得しない。

乗組員に食事制限を申し渡すことは、すなわち乗船勤務中の唯一の楽しみを取り上げるようなものだから、こちらとしても心を鬼にしなければならない。そのような時には、同じ乗組員の過去の事例を引き合いに出すのが効果的だ。「あのQ／Mが心筋梗塞で緊急下船になったでしょう」と言うと、皆一瞬顔色が変わる。同じ状況下にある同僚なのだから、個人の情報は最大限利用させてもらうべし。

レジャークルーズで乗船してくる船客は、高血圧症で降圧薬を服用している人が少なくないが、クルーズが始まると血圧が下がる人が多い。収縮期圧で一〇mmHg前後は下がる。仮に誤差範囲内としても上がるよりはよほどよい。逆に乗組員は、乗船勤務が始まると血圧が高くなる者が結構いる。仕事から離れる人と仕事に就く人との差がこんな形で現れるのだから、面白いと言えば面白い。

陸上休暇中に高血圧症と診断されて降圧薬を処方されてきても、船の診療所に同じ商品名の薬があるとは限らない。たとえば「にっぽん丸」の診療所には降圧薬として、交感神経遮断薬が十一種類、Ca拮抗薬も十一種類、ACE阻害薬は五種類準備してあるが、一般名が同じで商品名が違うだけの時でも、どうしても今まで服用していた薬じゃなきゃ嫌だと言う者がいる。一般名が同じ薬の場合は、本を見せて「ほら全く同じ成分でしょう」と説明し、同種薬の場合には同じく本を見せながらできるだけ類似した成分の薬を選んで服用するように説得することになる。

血圧に関しては、白衣高血圧症があったり降圧薬でなくてもプラセボ効果がみられたりすることがあるので、今までかかっていた病院で処方された薬を変更することは実は大変なことだ。乗組員の中に、病院の医者は信用して船医は信頼しないという風潮がもしあるとすれば、なおさらのこと時間をかけてでも彼らの信頼を得るように鋭意努力しなければならない。

[追記]

今回の乗船勤務で糖尿病のQ／Mとまた一緒になった。陸上休暇中に病院を受診したかと尋ねると、病院に行くには行ったが、若い医者があまりにも生意気だったのでそのまま帰ってきてしまったという。したがってHbA$_1$cなどの検査も受けていない。なんたることか！　船員にはぼくに勝るとも劣らず気の短い連中が少なくない。

しかし、自分で工夫して一kgの砂嚢を両足首につけている。自分なりに運動療法を行なっているのだ。それはそれで評価しなければいけない。血糖値はさらに改善していたが、塩酸メトホルミンによると考えられる薬疹が出ているので、今度はグリクラジドに替えてみることにしよう。

みなと異人館（神戸港）

その十　肩関節脱臼

今までに一度でも診たことのある疾患は、生まれて初めて診るものに比べると遥かに安心して診ることができる。どうすればいいのか、なんとなくわかる気がするからだ。なんとなくわかるくらいの気持ちで診られたときには患者もたまったものではなかろうが、日常の臨床とは案外そんなものかもしれない。

朝七時頃、まだベッドの中にいてとろとろと微睡《まどろ》んでいると枕元の電話が鳴った。レジャークルーズの朝は六時半のモーニングコーヒーで始まる。ある調査によると朝六時半には日本人の半数が目を覚ましているというのだから、モーニングコーヒーがその時刻に始まっても一向に不思議ではない。しかし、こちらとしては、心地よい朝の微睡《まどろ》みを中断されるのだからたまったものではない。海が時化《しけ》て船が揺れている時などは、洗顔などでごそごそしているうちに気分が悪くなった船客がゲロゲロやりだして、朝早くから往診を依頼されることがあるのだが、今朝は凪いでいて船はまったく揺れていない。

受話器の向こうでは女性の声が弾んでいる。同室の友人が本人に代わって電話しているらしいのだが、弾み過ぎてカーテンがどうのやら腕がこうのやらで、一向に要領を得ない。慌てるとこうなるという典型のようだ。救急車の出動を依頼して「救急車だから、急病人をお願いっ！」と叫ぶ人に、電話を受けた係官が「とにかく落ち着いて！」と叫び返す気持ちがよくわかる。とにかくきてほしいというのだけはわかった。

船室《キャビン》では、椅子に座ったやや小太りの中年の女性が——中年の女性は大概やや小太りなのだが——鏡の前のテーブルに右腕を乗せたまま伏せていた。まず落ち着くように言ってからよく訊くと、右手でカーテンを開けようと力を入れた途端、右肩に激痛が走って右腕が動かせなくなったという。肩関節の脱臼かもしれないと思いながらどれどれと診察すると、肩峰が突出しているように見えて上腕骨の骨頭が内方にずれており、思ったとおり肩関節の前方脱臼だ。

「少し痛いですよ」と言って、上腕骨の骨頭を左の拇指で押さえながら、コッへル法に則って上腕を引っ張りながら外旋し、内転した後に内旋すると、わけなく脱臼は整復できた。患者は「あっ、痛っ！」と言った次の瞬間「あれっ？」と言い、腕を動かしても痛くないのに驚いて「あらまあ、どうしたのかしら？」と不思議がっている。

病態をよく説明して既往の有無を尋ねると、一週間前に交通事故に遭ったという。右の後部座席に座っていた時に追突され、右手で窓枠の上の取っ手を握っていて、上半身だけが前方に押し出されたらしい。とっさのことでなかなか右手は離せないものだ。仮に右手を離していたら、前の座席にもろに顔をぶつけて鼻がぺしゃんこになっていたに違いない。外傷を負うのは肩か顔かと言われれば、女性は必ず肩を選ぶに決まっている。

救急病院に行ったら右肩の打撲と診断され、局所に鎮痛薬を注射された後、湿布の処置を受けたという。肩関節の脱臼は指摘されなかったかと尋ねたが、若い先生はX線写真を撮るでもなく、そんなことは言わなかったけれど、その後も肩は痛かったという。

事故の時に肩関節の軽い亜脱臼が起こっており、十分に回復する間もなく、カーテンを開けようと腕を後ろから前に向かって強く引っ張ったために、完全な前方脱臼が起こったものと考えた。患者にはその可能性が十分考えられる旨をよく説明し、仮に整復が不十分だと、神経などに障害がくることがあり、また習慣性になることもあるので、クルーズが終わったらちゃんとした整形外科を受診して、その後の治療を受けるように言った。もちろん、整復後は局所に湿布をしたうえに三角巾で腕を吊って肩関節を動かさないように話しておいた。

レジャークルーズの船客は乗船前の事故をそのまま引きずって乗ってくる人も少なくないので、診察時の問診が大切だ。それにしても、どうして救急病院ではそのような診断と処置しかされなかったのか、ぼくは不思議でならなかった。そのような病院には二度と行かないほうがいいですよと患者に話したのは言うまでもない。

あれはまだ大学病院にいた頃だから、二十年以上も前のことだ。ぼくは週末の当直で、雪の多い山間部の救急病院に出かけていた。その夜も雪が盛んに降り積っていた。夕食後テレビを観ていると、夜九時すぎにピーポーと共に救急車が駆け込んできた。外来のベッドには小さなお婆さんが右肩を押さえて蹲《うずくま》っている。息子の自動車が雪で滑るので後ろから押していたところ、急に発進したために右手をバンパーに引っかけたままパタンとうつ伏せに転んでしまったという。雪の中を老人に車を押させるとはひどい息子がいたものだ。

痛がるのを宥《なだ》め賺《すか》して診察すると、右の鎖骨の下に固い大きな腫瘤があり、右の上腕骨はその腫瘤のほうに向かっている。一瞬、肩関節の前方脱臼かなと思ったが、念のためにX線写真を撮ってみた。実は肩関節の前方脱臼を診るのは初めてなのだ。X線写真ができ上がるまでの間に整形外科の本を読んで、整復の仕方を勉強しておこうという魂胆だったのだ。

小さなお婆さんだったのが幸いだった。筋肉が弱かったので、局所麻酔なしでも教科書どおりにやって、脱臼は簡単に整復できた。若い頃の臨床経験が今どれほど役に立っているか計り知れない。若い頃に救急病院でいろいろな経験を積んでおくのは臨床医にとってけっして無駄なことではない。

「世界青年の船」の二番目の寄港地は、インド洋に浮かぶセイシェルのポートビクトリアだった。蒼茫たるインド洋を越えて辿り着いてみると、エメラルドグリーンの海と白い海岸線のセイシェルはまさに南国の楽園という名前がぴったりだ。

青年の船の団員が現地活動に出払ったのを見届けてから、看護婦と濯長《たくちょう》（洗濯師）の三人で昼食に出かけた。セイシェルのエスニック料理を食べようというわけだ。丘の中腹にある白い壁のレストランは真っ赤なハイビスカスやブーゲンビリアに囲まれてエキゾチックムード満点だ。

あまり美味しくない現地のビールを飲みながらスパイスのよくきいたセイシェル料理を食べ、帰りの道すがら露天マーケットでドリアンやマンゴスチンなどの果物を物色しながら、ほろ酔い気分で船に戻ってみると、患者が待っていた。本当にこんな時に限って患者がやってくるんだから、いい加減いやになってしまう。患者の団員が帰船した時に船医も看護婦もいなかったものだから、チーフパーサーは渋い顔をしている。日本人の女子大生の患者はというと、水着のまま包帯らしきもので右腕を上半身にがんじがらめに巻かれた状態でしょぼくれて、見るも哀れなありさまだ。

話を聞いていて、世の中にはどじな人もいるものだと呆れてしまった。スキューバーダイビングをしようとボンベを担いで腰の深さのところを歩いていたら、躓《つまづ》いて前のめりに転んだという。その時、背負っていたボンベが右肩に当たり、右肩関節に激痛を覚えて右腕が動かせなくなったのだという。倒れる時にとっさに右腕を水平に差し出して水の抵抗に遭ったようだ。

すぐに、近くにあった現地のクリニックを受診したところ、肩関節脱臼と診断され、整復された後に湿布薬を貼りつけられたうえに、パンストのようなネット状のもので腕をグルグルと胴体に巻きつけられたというわけだった。

ぼくは念のために右肩関節のX線写真を撮って、整復の状況を確認した。彼女がまだ痛みを訴えて局所の圧痛も比較的強かったからだった。せっかく「にっぽん丸」にはX線撮影装置があるのだから、こういう時にこそ利用しない手はない。幸い、X線写真上異常は認められず、前腕から手指にかけて知覚異常や運動制限などもないことから、整復は良好に行なわれているものと判断した。あとは固定だ。教科書どおりに、三角巾で右腕を吊った後に弾力包帯で右上腕を胸壁に固定した。もちろん、消炎鎮痛薬を処方しておいた。

数日経って痛みが治まると、彼女はまだ固定していなければいけないのかと文句を言い始めた。現金なものだ。ぼくは、中途半端にしていると習慣性になる可能性があると話し、整形外科の教科書を見せながら最低三、四週間の固定が必要である旨説明した。習慣性という言葉が効いたのか、あるいはこちらの威力に圧倒されたのか、彼女は「わかりました」と神妙に返事して、三角巾と弾力包帯で腕を固定したまま船内活動やパーティーなどに参加していた。

手や指は動かすように指示していたが、三、四週間も三角巾で腕を吊っていると筋力がかなり低下するに違いない。肘関節の拘縮はこないだろうか？　案の定、三週間経ってから三角巾を外して上腕や肩を動かすように言っても、すぐには動かせなかった。理学療法が必要だったのだ。それからシンガポールに帰り着くまでの間、自分なりにメニューを考えてリハビリを行なった。根気のいる作業だったが、日ごとに運動能力を回復していく彼女を見るのは楽しみでもあった。

アフリカから再びインド洋を越え、明日はシンガポールに入港して「世界青年の船」が終わる日となった。彼女は午前中に診療所にやってきて、今までいろいろとありがとうございましたとお礼を述べた後、「これくらいできるようになりました」

と言いながら腕を開いて挙上してみせた。しかし、まだこちらが期待したほどではなかった。ぼくは、帰国後も近くの整形外科を受診して理学療法を受けるように、紹介状を書いて彼女に手渡した。

函館港に停泊中の「ふじ丸」

その十一　鼻血の話

男子中学生はしばしば鼻出血をきたす。言い換えれば、鼻血は彼らの象徴だ。血の気が多い証拠でもある。今風に言えば、チョーむかついて頭《とさか》にきて文字どおりキレルのだ、キーゼルバッハの血管叢が。彼らはちょうど鼻毛が生え始める年頃でそのためにむず痒いのだろうか、しょっちゅう指で鼻の穴を突っついている。鼻出血にはこのように機械的刺激がおおいに関係しているのは確かだ。同年代の女の子の生理と同じだという説もあるが、これは定かではない。最近の報告によると、チョコレートやピーナッツの食べすぎと鼻出血との間に直接の関係はないらしい。

誰かが鼻血を出すと、物知り顔をした者がそいつの顔を上に向けて手で項部《うなじ》を強く押さえたり叩いたり、あるいは仰向けに転がして足の裏を拳骨《げんこつ》で叩いたりしていたが、あれは本当に効果があったのかおおいに疑問だ。鼻根部を氷で冷やす方法は案外理に適《かな》っているように思える。いずれにしてもこの鼻血、いったん出だすとなかなか厄介なものだ。

ぼくと同期入社のスチュワーデスが、白いブラウスの所々に赤い血をつけて鼻をハンカチで押さえながら「ふじ丸」の診療所にやってきた。船医になって間もない頃、北海道の初夏を満喫する定番のクルーズで小樽に向かっていた時だった。ちょうどランチタイムのサービスをしている最中だったらしく、丸顔の彼女は紺色のエプロンをしてまるで人形のように可愛い。しかし、いくら可愛い人形のようでも、鼻血を出していたのではさまにならない。鼻血を出した人形なんて、オカルト的でぞっとするだけだ。

どれどれというわけで、額帯鏡を被り鼻鏡を使って出血点を確かめようとするが、鼻血は次から次へタラタラと流れ出て止まる様子もなく、少なくともよほど奥の方から出ている様子はないのだが、出血点を確認できない。バイフォーカルのメガネ（正しくは、遠視用メガネの下半分を、さらに近くを見やすくするために＋二・五くらいにしたメガネ）越しに額帯鏡で鼻の穴を覗くのは、メガネはずれるわ、首は痛くなるわで、外科医にとってはかなり難儀な作業だ。額帯鏡に当てる光源が補助灯として使っている無影灯のためか、鼻の穴に入っていく光が細長く歪んでいるせいもあるようだ。しばらくの間出血点を探していたが結局見つからないので、仕方なしに少し大きめの綿球を鼻の穴に突っ込んだ。「取り敢えず、これで様子を見てください」ということで、彼女は一方の鼻翼を膨らませて引きつった笑顔を作りながら、持ち場に戻っていった。

しばらくして、彼女は再び診療所に顔を出した。またまたハンカチで鼻を押さえていてハンカチの周囲から赤い血が滲んでいる。要するに、鼻血が止まっていないのは一目瞭然、こちらとしては面目丸潰。典型的な四字熟語だ。こうなればこっちも意地にならざるを得ない。帯状に細く切ったガーゼにボスミンを滲み込ませて鼻腔の奥から順次詰め込んだ。出血の具合からベロックのタンポンをするほどではないと考えたからだった。そのうえで止血薬を処方し、仕事を休んで安静にするように指示した。

ベロックのタンポンといえば、忘れられないことがある。

あれは、ぼくが船医になる前に勤めていたI病院での十数年前の出来事だった。

鼻血が止まらない人がいるのできてほしいとナースステーションから電話が入ったのは、桜も終わり病院前の欅並木の緑が次第に濃さを増している頃で、ぼくたち外科医が手術を終えて医局でお茶など飲みながら一息入れていた時だった。

病室のベッドには検査部のやや年配のN嬢が真っ赤になったタオルで鼻の周りを押さえながら横たわっていた。青白い顔色をして随分と疲れている様子だ。どうしたの？　と尋ねるぼくの質問に対する看護婦の返事がふるっていた。

「仕事が終わる頃に急に鼻血が出だしたんですって。しばらく押さえてたんだけど一向に止まる様子がないし出方が激しいので、ナースステーションにきたんです。外科の先生方は手術中だったんで、道路沿いの耳鼻科医院に連れてったんです。そうしたらそこでも止まらなくて、そのうち脳貧血を起こしてしまったものだから、結局みんなで戸板に乗せて連れて帰ってきたんです」

その看護婦はそこまで一気に言って、どうしましょうかという表情でぼくを見た。戦時中ならいざ知らず、このご時世に、よくぞ戸板なんかで運んだものだと看護婦さんの咄嗟《とっさ》の判断に感心する一方で、東京のど真中を戸板に乗せられて運ばれるN嬢の様子を想像して、ぼくは可笑しさを堪《こら》えるのに苦労した。しかし可笑しさを堪《こら》えてばかりはいられない。いざとなれば外頸動脈を結紮すればなんとかなるだろうと頭の片隅で考えながら、それでも止血薬を入れた点滴の指示を出したうえで、ベロックのタンポンをするので準備するよう看護婦に指示した。

実はそれからが大変だった。仰向けに寝ている彼女の鼻の穴を普通の額帯鏡で覗こうというのが土台間違いだった。看護婦に懐中電灯の光を額帯鏡に当てるように言ってもなかなかうまくいかない。それこっち向きだ！　ほら動くな！　などと叫びながらも、一方の端に1-0の絹糸をつけたネラトンを出血している側の鼻腔に突っ込んだ。引き続いて、咽《のど》の奥に顔を出してきたネラトンを口から引っ張り出そうとするのだが、刺激のために彼女は盛んに咳をするわ、クシャミもするわで、そのたびに血液が飛び散って、覗いているぼくにもろに当たるものだからたまったものではない。咽《のど》の奥に流れ込んだ鼻血を吹きつけられてぼくの顔も白衣も赤い水玉模様になってしまった。しかし、ここで諦めたのでは男が廃る。吹きつける鼻血をものともせずに口から引っ張り出したネラトンの端に1-0の絹糸をくっ付けそれにガーゼの塊を括りつけて、ネラトンを再び鼻の穴から引っ張り出しながらガーゼの塊を咽《のど》の奥から後鼻腔に送り込んだ。これにてベロックのタンポン術完了！　と喜んだのも束の間、止まらぬ出血のためにタンポンがずれて、またまた咽《のど》の奥に落ちてしまった。嗚呼、何たること！　必死の努力が水泡に帰すとはまさにこのことを言うのだと、その時初めて悟った。

見ていてこれは大変そうだと考えた看護婦の判断が正しかった。非常勤でI病院の耳鼻科外来を受け持っているN先生が、自宅から呼び出されて押っ取り刀でやってきた。手には豆電球の付いた額帯鏡を持っている。さすがは本職！　素早く出血点を確認し、そこにボスミンを滲み込ませたガーゼを的確に突っ込んで、一件落着と相成った。いつもはいかにも頼りなさそうなN先生が「こんなに頼もしく見えたのは初めてです」とは看護婦の弁だった。これぞ名言！　ぼくもまったく同感だったが、表立って同意できない悲しさ。

話を元に戻そう。

スチュワーデスの鼻血はその夜は止まっていたようだった。しかし、翌日の朝小樽に入港する前になって、彼女は少しばかり鼻血を滲ませながらまたまた診療所に顔を出した。朝起きて洗顔していたらまた出だしたという。鼻を強くかんだの？と尋ねると、鼻はかんでいませんと必死に否定する。要するに、完全には止まっていないのだ。こうなったら本職に頼むしかないが、生憎《あいにく》その日は日曜日だった。それでもひょっとして耳鼻科医が当直かもしれないという淡い希望を抱きながら、スチュワーデスを小樽市内の病院に連れていった。

小樽運河より少し山側にあるその病院の外来診察室でぼく達を迎え入れてくれたのは、ぼくと同い年くらいの、どことなく飄々とした感じの医師だった。「私は外科医なんです。生憎、耳鼻科医と連絡が取れませんで、すいません」と、耳鼻科医が不在であるのがまるで自分の不手際であるかのように、いかにも申し訳なさそうにしている。

「私にできるかどうかわかりませんけど、何とかやってみましょうか」と言いながら、その飄々先生は早速、耳鼻科的診察に取りかかった。まったくもって構えたところも偉ぶったところもなく、目の前にいる患者のためになんとか自分のできそうなことを精一杯やろうとしている。こういう人がぼくは好きだ。

飄々先生は、「やはりキーゼルバッハが切れて出血してますね」と言い、「たぶんこれで止まると思うんですけど」と言いながら、綿球にステロイド軟膏を付けて局所に押し込んで止血した。そのうえで、「痂皮が取れるとまた出血するでしょうから、いい時期にレーザーで焼却しておくほうがいいでしょうね」と助言してくれた。

件《くだん》のスチュワーデスはその後も同じ乗船勤務中に一回鼻出血をきたしたが、その時にはもう「まっかせーなさい！」という訳で、自信を持って飄々先生推奨のステロイド軟膏付き綿球で止血処置することができた。そして次の下船休暇中に、彼女は郷里の県立病院の耳鼻科でキーゼルバッハ血管叢を

大連（中国）のフェリー

レーザー焼却してもらい、それ以後鼻出血は彼女の既往歴の一つでしかなくなった。

ぼくは、その年の秋に別のクルーズで小樽に入港した時に、「ふじ丸」のショップで買った赤と白のハウスワインを持って、再び飄々先生を訪ねたのだった。

その十二　不眠と自殺企図

渺々《びょうびょう》として蒼茫たる大海原。群青の大空に浮かぶ純白の雲。舳先に切り裂かれて砕け散る青白い波飛沫《しぶき》。そして、紺碧の中に消えていく白い航跡。時が止まる瞬間……。

船客のいない回航の時など、デッキチェアーに一人寝そべって本を読みながら、思い出したように目を上げ、これらの景色を眺めては、疲れた目を休める。傍に缶ビールの一本もあればこの上ない。仕事の合間の、一瞬の至福の時……。

もちろん、いつもこんなよい時ばかりではない。船客がいれば原則として甲板《デッキ》に出ることはできないし、ひとたび低気圧に遭遇すれば船はおおいに揺れて船酔いの治療で多忙をきわめることになる。動けなくなった船客のために船室《キャビン》まで往診する時など、ひどいピッチング（縦揺れ）で歩いている体が宙に浮くことさえある。そのうえ、船の揺れと振動と軋みとでしばしば目が覚めて、熟睡もできない。

不眠を訴えて受診してくる乗組員もまれではない。ほとんどがフィリピン人クルーだ。彼らにしてみれば、いったん乗船勤務が始まるとだいたい十ヵ月間は帰国できないし、日本人の乗組員や船客に対しては日本語を使わなければならず、居住は狭い船室《キャビン》に四人一緒ともなればストレスも相当たまるようで、中には精神的にまいってしまう者がいる。

フィリピン人クルーでAという甲板員がいた。ある日チョッサー（チーフオフィサー＝一等航海士）が、「Aが近頃不眠を訴えているようなので一度診てやってくれませんか」と言ってきたので、彼を呼んで診察に及んだ。英語による精神科的面接はこちらとしては多少骨が折れるが、患者の訴えを細かく聞き出すためにはどうしても患者の言葉が必要だ。日本人と比べても幾らか小柄の彼は精悍な感じのする青年で、受け答えも丁寧で礼儀もわきまえているようだ。二人目の子供がつい最近できたばかりで、先日も奥さんと国際電話で話したところだという。彼にはしかし吃語《きつご》があり、チック様の軽い顔面痙攣が時折みられた。

不眠で悩むのは生まれて初めてだと言う。なかなか寝つかれないので、また起き出してビデオを観たりするし、夜中にもよく目が覚めて、朝起きると頭がボーッとしていてすっきりしないと訴える。同室者や他の同僚との人間関係に問題はないのかとか、先日奥さんと電話で話してそのことが気になっているのではないのかなどと尋ねるが、いずれも違うという。要するに、本人に言わせると原因として思い当たることは何もないというのだ。不眠を訴えてくる患者は、ほとんどの場合原因は思い当たらないというようだ。原因さえわかればそれを取り除けばいいのだが、話はそう簡単ではない。

いつもの就床時刻や起床時刻そして睡眠時間などを訊き、夕食後からベッドに就くまでの行動を詳しく尋ねるが、まったく今までどおりだというし並外れて異常とも考えられない。とすると、やはり新しく生まれた赤ん坊のことや奥さんと電話で話したことが不眠の原因のようだ。しかし、電話のことを忘れなさいと言ったところで何の意味もない。甲板員は、航海中でも体を乗り出して船体を洗ったり点検のために本船から救命艇に乗り移ったりしなければならず、不眠のために頭がボーッとしていたのでは危険きわまりない。

A甲板員には、ベッドに就く前にはテレビを観たり本を読んだりせずに、できるだけリラックスして奥さんや子供たちとの楽しいことを想像すること（ただし、興奮するようなことは想像しないこと！）、砂糖を入れたホットミルクかホットレモンを飲んでみること、そして部屋を暗くしてベッドで安静にしているだけでも体も神経も結構休まること等々を話したうえで、超短時間作用型の睡眠薬を数日分処方した。表情は比較的明るくてひどく悩んで落ち込んでいる様子はみられなかったので、精神安定薬は処方しなかった。

数日後の朝、乗組員食堂で会った時に彼は、「あれからよく眠れます。これで大丈夫です。サンキュウ、ドクター！」と、その日の朝日のような晴れやかで明るい笑顔を返した。

D洗濯員の場合、話は簡単ではなかった。

ぼくが前任の船医と交代して一月二十五日から「にっぽん丸」に乗船勤務を始めてしばらく経った頃、睡眠薬が欲しいと言ってフィリピン人クルーのD洗濯員が受診してきた。カルテを見ると、以前から不眠を訴えて睡眠薬を処方されているが、量が少しずつ増えている。ぼくは、このまま睡眠薬を飲み続けると量がさらに増えていく可能性があることを告げたうえで、いろいろ尋ねてみたが、本人は不眠の原因になるようなことは心当たりがないという。同僚との人間関係に問題はなさそうだし、診たところ身体的疾患は見当たらない。睡眠薬以外に薬物を常用している様子もない。しかし、A甲板員に比べると伏し目がちで表情が暗いのがなんとなく気がかりだ。

就床時刻を訊くと午後八時過ぎだという。八時過ぎは少し早すぎないかと言うと、「今までもその時刻にベッドに入っていたので、早すぎるとは思いません。しかし、同室者の勤務時間帯がかなり違うので、自分が眠りかける頃に部屋に戻ってきて音楽をかけたりすることがよくあります。そうすると目が覚めてしまって寝そびれるんです」と答える。さらに、朝起きる時刻を尋ねると五時頃だという。そんなに早くて辛くないかという問いには、「辛いけど目覚まし時計で起きます。朝が早いので、夜眠る時には『早く眠らなければ、早く眠らなければ』と思います」という。夜眠れない代わりに昼寝をしてるんじゃないのかと何度も尋ねるが、本人は絶対に昼寝はしていないと、強く否定する（後で彼の同室者に尋ねると、しばしば鼾をかいて昼寝をしていると証言した）。

彼の場合、入眠障害に加えて朝早く起きなければいけないという強迫観念が不眠症の根底にあるのだろうと、ぼくは考えた。つまり、生理学的不眠（不適切な睡眠衛生）と心理学的不眠（精神的ストレス）だ。彼にそのことをよく説明して、A甲板員の場合と同様の注意を与えた。特に彼の場合にはベッドに就くのが少し早すぎると考えられるので、もう少し遅く就床するように、そして、早く眠らなければいけないと絶対に思わないように指導して、もうしばらく様子をみるように言った。睡眠薬を飲まずにすめばそれに越したことはないと考えたからだった。それからしばらくの間彼は診療所に顔を出さなかったので、不眠は解消したのだろうと思っていた。

「にっぽん丸」は引き続き東南アジア周遊クルーズに出かけた。ホー・チ・ミン市に入港した二月九日の夜十一時頃になって、部屋のドアをノックする者がいる。誰かと思ってドアを開けてみるとD洗濯員が一人立っており、「ドクターの言ったことを試してみましたが、それでもなかなか眠れません。不眠のために仕事が手につきません。どうか睡眠薬をください」と懇願する。「まだ十一時だよ。それにあれからまだ一週間も経ってないじゃないか」とは言ってみたものの、半べそをかいている彼をみていると可哀相になってきた。これから長々と話をしたのでは夜がふけてしまうし、こちらとしても早く眠りたい。それではというわけで短時間作用型の睡眠薬と精神安定薬を処方し、翌日チーフパーサーと相談して勤務時間帯が同じようなフィリピン人クルーの部屋に彼を移した。

次の寄港地のバンコクに入港した十二日の深夜、またまた部屋のドアをノックする者がいる。時計を見ると日付が変わって十三日の午前二時だ。「糞、こんな夜中に！」と思いながらドアを開けると、また彼だ。今度は廊下に蹲《うずくま》って泣きべそをかきながら、どうしても眠れない、どうか眠らせて下さいと必死に訴えている。

おいおい、これは尋常じゃないぞ。神経症か感情障害かその他の精神疾患に伴う不眠症の可能性が大いにあり得る。ぼくは、彼をすぐ隣りの診察室に連れていって睡眠薬と精神安定薬のほかにも抗うつ薬を処方し、「さあ、これで大丈夫だ。この薬がよく効くから安心して眠りなさい」と諭して、船室《キャビン》に帰した。

十三日の夜も十四日の夜も何事もなく過ぎた。やれやれ、これでやっと彼の不眠症も解消か、と思ったのが間違いだった。十五日の夜八時過ぎに、最初に彼を連れてきたフィリピン人クルーがぼくの部屋に飛び込んでくるなり、「ドクター！　Dがおかしい！」と叫んだ。ぼくは、ひょっとしてひょっとしたか?!　と思いつつ往診バッグを引っ提げて彼の後に続いた。

船室《キャビン》では当のD洗濯員が、ややチアノーゼっぽい顔色で泣きべそをかきながらベッドに仰向けにひっくり返っている。生きているのでとりあえずほっとして、どうしたのかと尋ねると、やはりというべきか、トイレで首吊自殺を図ったことがわかった。しかし、その前に何やら大声でわめいていたというし、トイレの中でもしばらくの間ドタンバタンと大きな音を立てていたらしい。それで、隣りの部屋の同僚がどうもおかしいと思っていた矢先にドスンと大きな音がしたので、彼の部屋に飛び込んでみると首に紐を巻きつけたD洗濯員がトイレの床にひっくり返っていたのだという。

トイレを覗いてみると、カーテンレールは無残にも壊れて床に落ちている。当の本人は、「ドクター、すみません。もう大丈夫だから心配ない。どうもすみません。もう心配ない」と盛んに謝っている。

D洗濯員の自殺行為が狂言であることは、状況からみても明らかだった。本当に死ぬつもりなら、暗闇の海に身を投じるほうがよほど確実だし、仮に首を吊るにしてももっと確実な方法がありそうなものだ。それに何も騒ぎたてることはなかろう。しかしながら、いずれにしても自殺企図のある人間をこのまま船に乗せておくわけには到底いかない。心配した第五の原因、すなわち精神疾患に伴う不眠症である可能性が強いからだ。幸い翌日はシンガポール入港なので、チーフパーサーと相談のうえ、シンガポールで下船させて本国に帰国させることにした。

D洗濯員の場合、もう少し早く異常に気づくべきであったと思う。神経症をはじめとして各種の精神疾患は不眠を初発症状とすることが多いという。それならばもっと早い時期に抗うつ薬か抗精神病薬を投与して、彼の不眠を――したがって彼の苦悩を――もっと早期に和らげることができたかもしれない。

とはいえ、彼をそのまま乗船勤務させることは、いずれにしても不可能だったろう。船員が乗船勤務するためには、心身ともに健康であることが船員法で決められているからだ。そのために船員は毎年一回は健康診断を受けて、船員手帳にその結果を記載することが義務づけられているのだ。もっとも、生活習慣病に関してはなかなか規則どおりにはいかないのが現状のようなのだが…。

消防艇の歓迎（ハワイ港）

その十三　肉片による窒息

七週間の陸上休暇の後に、三月十四日から再び「にっぽん丸」の乗船勤務が始まった。不思議なもので、七週間も陸《おか》にあがっていると、そろそろ船に戻りたくなってくる。船医になって三年も経つと、自然にそうなるのだろうか。今回の乗船勤務は四ヵ月あまりの予定である。

今回乗船後の最初の航海は、謳い文句が『ホェールウオッチングを楽しむ』という、小笠原スプリングクルーズだった。この時期の小笠原航路は必ずといってよいほどかなり揺れるのだが、鯨見たさのお客さんにとって、船の揺れなどあまり問題ではないらしい。

十四日の出帆は午後七時だったので、船長主催のウェルカム・カクテルパーティーは翌日の午後五時半からとなった。パーティーの初めに、船の三役（船長、機関長、チーフパーサー）と船医が船客に紹介された後、カクテルを飲みながら船客と談笑した。公にただでカクテルが飲める稀有なるチャンスだ。ウェルカムディナーの陪食（談笑しながら船客と一緒に食事すること）は今航（今回の航海）は三役だけなので、ぼくは乗組員食堂で夕食をすませた後、自室に戻ってビールを飲みながら寛いでいた。

パーサーズオフィスから電話が入ったのは、そんな時だった。

「ダイニングルームでお客が苦しがっているようなので、行ってみてください」

声の調子からすると、それほど慌てている様子はない。また何かあったのかな、と思いながら白衣に着替えていると、スチュワードが走って部屋まで迎えにやってきた。彼は慌てている。

「ドクター、急いでください。呼吸《いき》ができないみたいなんです！」

「なに？　呼吸《いき》をしてないって?!」

それからは大急ぎだった。隣の診療所に立ち寄って往診バッグを引っ提げ、看護婦にアンビューバッグを持ってくるように言い残して、二階に駆け上がった。

ダイニングルームでは、今まさにウェルカムディナーの真っ最中で、船客がフランス料理を楽しんでいたが、隅の方のテーブル席で男性の老人が椅子に腰かけたまま仰《の》け反っている。両眼を見開いたまま上の方を睨み、口をパクパク開けて一所懸命空気を吸い込もうとしている。顔色は悪く、口唇にはチアノーゼが出ている。これはただごとではないと直感した。

傍にいた奥さんに急いで経過を訊くと、

「食事してたら、急に呼吸《いき》をしなくなったの。何かお咽喉《のど》に詰まったのかしら？」

と、それほど慌てている様子はなく、むしろ冷静（に過ぎるくらい冷静）に状況を説明してくれた。同じテーブルに座っている高齢のご婦人は、向かいの男性が苦しがっているのには一向お構いなく、一心不乱にステーキを食べている。この度胸たるや、なかなかのものだ。

しかし、世の中にはたいした人がいるものだと感心している場合ではない。目の前にいる男性はほとんど呼吸ができず、次第に顔色が土気色になっていく。ぼくは、テーブルのお皿にステーキの切れ端が載っているのを見て、奥さんの言うように、ひょっとして食べ物を「お咽喉《のど》」に詰めたのかもしれないと思った。現に、呼気時にゼゼゼッと音がしてほとんど空気が入っていかないし、胸郭も膨らまない。

しかし、下顎を持ち上げるとゼゼゼ音は止んで空気が容易に入り、胸郭も膨らむのが確認できた。

咽喉《のど》にものが詰まった時にまず第一にやることは、逆さにして背中を叩くことだ。しかし、幼小児の場合には体が小さいからできるが、大の大人を逆さに吊ることなど到底できない。それでもと思って、椅子に座ったその男性の上半身を前に倒して屈むような姿勢にした後、背中をどんどんと叩いてみた。ぼくは背中を叩きながら、ある病院での出来事を思い出していた。


気管内挿管も終わり、術野《じゅつや》の消毒にとりかかろうとしている時だった。開けっ放しのドアでつながっている隣の手術室が急に騒がしくなった。何かあったのかなと思いつつも、引き続き術野を消毒していると、「先生、きてください。挿管の時に折れた前歯を、一緒に気管内に押し込んでしまったらしいんです」と言いながら、看護婦が駆け込んできた。

ぼくはいったん手を下ろして、隣の手術室に入った。麻酔を担当している医師が少し青ざめて引き攣ったような顔をしている。見ると、確かに前歯が欠けて歯肉から出血している。挿管に際して、折れた前歯を一緒に気管内に押し込んでしまったのは、どうも確からしい。確認のためにすぐにX線撮影を行なったが、果たせるかな、できあがったX線写真には、気管分岐部に留まっている小指頭大の陰影が認められた。折れて一緒に押し込んでしまった前歯に間違いない。

麻酔の担当医は、気管支ファイバーで取り出しましょうかと訊くが、気管内チューブを通してファイバーを入れるには無理があるようだし、歯を鉗子でつかむのは難しそうだ。鉗子でさらに奥に押し込んでしまう危険もある。そこでぼくは、「第一にやってみるべきこと」をやってみようと彼に伝えた。

まず、挿管されて麻酔のかかったままの患者をうつ伏せにした。狭い手術台の上で、麻酔のかかった患者をうつ伏せにするのは、結構手間がかかるものだ。手術台から落としでもしたら、それこそ大変だ。それから、手術台の頭側を可能な限り下げた。皆で患者を押さえて、患者がズルズルとずり落ちないぎりぎりの角度まで下げた。四〇度近くまで下がっただろうか。あとは患者の背中を、タッピングの時よりも強く、平手や拳骨でドンドン、パンパー、ドンパンパーと思いっきり叩いた。

出てきた！　叩き始めて二〇秒もかからなかった。小指頭大の歯が気管内チューブを通して、手術室の床にコロコロと音を立てて出てきたのだ。確かに、ラッキーだったともいえよう。しかし、「まずやってみるべきこと」が上手くいったこともあり、また、看護婦の尊敬の眼差しを背に受けて、ぼくは満足だった。

しかし、今回は背中叩き術は無効だった。周囲はウェルカムディナーを楽しんでいる船客でいっぱいだ。すでに意識のなくなった患者を椅子から降ろして床に寝かせ、下顎を持ち上げて呼吸を確保した後、組み立て式のストレッチャーを持ってくるようにスチュワード達に指示した。ただちに患者を一階の病室に収容し、簡易吸引器をスタンバイさせた後に、マッキントッシュの喉頭鏡で喉頭を展開してみて、驚いた。船医をやっていると、驚くことが実に多い。

咽喉《のど》の入り口のすぐそこ、指を突っ込めば容易に取り出せるところに、大きな肉の塊があったのだ！　大きな肉片が、ちょうど喉頭の入り口に嵌頓した格好で、二進《にっち》も三進《さっち》もいかない状態になっていたのだ。その肉片を指で取り出すと、直ちに自発呼吸が再開した。しかし、意識はすぐには戻らなかったので、念のために酸素吸入を行なった。血圧を測定すると、当初はかなり高かったが、時間を追って次第に下がり、それに伴って頻脈もとれてきた。その頃には、患者が八十三歳のT氏であることが判明した。

ものの三分もすると、「Tさん！」という呼びかけに頷き、眼を開けるようになった。当のT氏、初めの頃は、なぜ自分が病室に寝転がっているのか、さっぱりわからない様子だったが、時間が経つにつれて状況がわかってきた。

病室に呼び入れた奥さんがまた変わっていた。「お父さん！お父さん！」と盛んに呼びかけていたが、やがて「うんうん、大丈夫だ」という返事を聞いた途端に、「ああ、喋った！　これなら大丈夫だわ」という台詞を残して、どこかに消えてしまった。ひょっとして、ディナーの残りを食べにダイニングルームに戻ったのかな？

取り出した肉片は五×五㎝大で、噛んだ跡はほとんどついていなかった。しばらくしてから戻ってきた奥さんに、「入れ歯は飲み込んでないでしょうね」と念を押すと、「ちゃんとここにありますわ」と言って見せてくれた。いつ取り出したのだろうと思いながらも、入れ歯を飲み込んでいないことが確認できておおいに安心した。入れ歯を飲み込んでいるといないとでは、天国と地獄だからだ。

奥さん曰く、「もともとこの人はせっかちなんですのよ。魚のお料理が終わった後、次のお肉が出てくるのが遅いと言って苛々してたんです。それでやっとお肉が出てきたものだから、大きな一切れをぱくっと一口で食べようとしたんでしょうね。本当に仕様がないんだから…」。

簡潔明瞭な解説だった。

翌日の小笠原は快晴だった。南の太陽が眩しく輝いて、暑いくらいだった。昨夜のT氏は、朝一番に奥さんと一緒に診療所に顔を出して、元気になったことを報告された。体の異常はまったくないといい、「これから待望

ビクトリアピークと摩天楼（香港）

のホェールウオッチングに行ってきます」という言葉と笑顔を後に、いそいそと出かけていった。

その十四　中学生の指の骨折

国や地方自治体などが主催する『青年の船』として「ふじ丸」や「にっぽん丸」がチャーターされることは、以前にも書いたとおりだ。高校生の修学旅行まではまだよいが、これが小学生や中学生となると大変だ。彼らは、まさに元気のかたまりで精力を持てあましており、大はしゃぎで船内を走り回る。彼らに対して静かにしなさいとか走ってはいけないと言うほうが、土台無理な相談なのである。

「にっぽん丸」は、沖縄住民のハワイ移住百周年記念クルーズで、平成十二年七月六日午後四時に沖縄の本部《もとぶ》港から出帆した。船客は夏休みを利用した小学生と中学生が主で、沖縄からハワイに移住した人たちの家庭を訪問して、交流を深めようという趣旨だ。運悪く、ちょうど台風三号が沖縄本島に接近しており、かなり揺れることを覚悟の上での出帆だったが、案の定、沖縄本島の南端を回って太平洋に出た途端、波高《はこう》一〇メートルを超える大うねりの歓迎を受けた。夕食も終えないうちから船に酔っていたのではあまりにも可哀想だというわけで、いったん引き返して沖縄本島の島影に避難し、船客の夕食が終わるのを待って、いよいよ台風の吹き荒れる太平洋にうち出した。気象状況による運航計画の変更は、かなり自由にできるものらしい。

出港してから夕食が終わるまでのしばらくの間は――すなわち船がひどく揺れだすまでは――、子供達は盛んに大声でわめきあったり船内を走り回ったりしていたが、船が揺れだすと途端に辺りは静かになった。早速、船酔いを起こしたに違いない。地方自治体によるチャータークルーズで小学生や中学生が団員である場合には、自治体が用意した医療班が同乗してくることが多い。今航も沖縄の看護婦さんが三人乗船しており、船酔いになった生徒は和室に魚市場の鮪《まぐろ》のように並べて寝かせて面倒をみてくれたので、こちらとしてはおおいに助かった。生徒達と一緒に枕を並べてひっくり返っていた看護婦さんもいたらしいが…。

台風の影響は翌七日いっぱい残ったが、その後は十五日にホノルルに入港するまで、平穏な航海が続いた。

チャータークルーズでは、スポーツデッキで運動会など体育会系の行事が行なわれることが多い。特に中学生など血気盛んで精力を持てあましている連中などの場合には、体を使わせて精力を発散させておかなければいけない。狭い船の中に何日も閉じ込められていると、精神に変調をきたして大変なことになりかねないからだ。

七月十日。台風もおさまり海も穏やかだった。午後の診療時間になって診療所で本を読んでいると、中学生の男の子が右手を胸元に抱えるようにしながら、団の看護婦さんに付き添われて入ってきた。スポーツデッキで行なわれた綱引き大会の際に、転んで受傷したという。診ると、右の薬指の末節が背側に過伸展している。いわゆる突き指の状態なのだが、中節骨の骨端部に圧痛が強い。捻挫だろうなと思いながら、それでも念のためにレントゲン写真を撮ることにした。このあたりは臨床的な勘だ。

できあがったレントゲン写真には、右第四指中節骨骨端の剝離骨折が、自分でも感心するほど見事に描出されていた。単なる捻挫ですよと言わずにおいてよかったー！　と、内心ホッと胸を撫で下ろした。「やっぱり骨が折れてますね」とあたかも臨床診断が的中したかのごとく振舞って、レントゲン写真の説明をしながら、さてこれからどうしたものかと迷っていた。患者を前にしている時の態度とこれからどうすべきか思案している内心との間には、往々にして大きな隔たりがあるのだ。

指の剝離骨折だから観血的に治療する必要はなかろう。ギプス固定かシーネ固定のどちらかだが、掌全体を指の先までギプス固定するなんて聞いたことがない。となると、残りはシーネ固定しかない。というわけで、右第四指を良肢（指）位に保ってＩＤパップで湿布を行なった後に、指用のアルミシーネと包帯でシーネ固定を行ない、安静を保つために三角巾で腕を吊っておいた。

その後は毎日包帯交換を行ない経過をみたが、日ごとに局所の疼痛は軽減し腫脹もひいて、ホノルルに入港する頃には、シーネを外してもほとんど痛みを感じないまでに軽快した。当の男子生徒は右手が使えないので、洗面や食事などすべて左手でやっていたようだが、ハワイに着く頃にはすっかり慣れて、ほとんど問題なく生活しているようだった。若いだけあって、順応が早いのには驚いた。もちろん、沖縄に帰り着くまでシーネ固定を続け、下船後に整形外科を受診するように紹介状を書いておいた。

大学病院に勤めていた頃は、不思議なことにアッペならアッペ、イレウスならイレウスと、同じ疾患の手術が続くことがよくあった。同じ年に入局した同級生同士、人よりも早くいろいろな手術を執刀したいと思って患者を取り合ったものだったが、結局のところ同じ手術を皆でほぼ同じ時期に執刀することができた。同じ疾病（外傷）が続くという点で、今回もそれとよく似ていた。

ハワイ移住百周年記念クルーズからちょうど一ヵ月後の、八月十日だった。「にっぽん丸」には、横浜市少年洋上セ

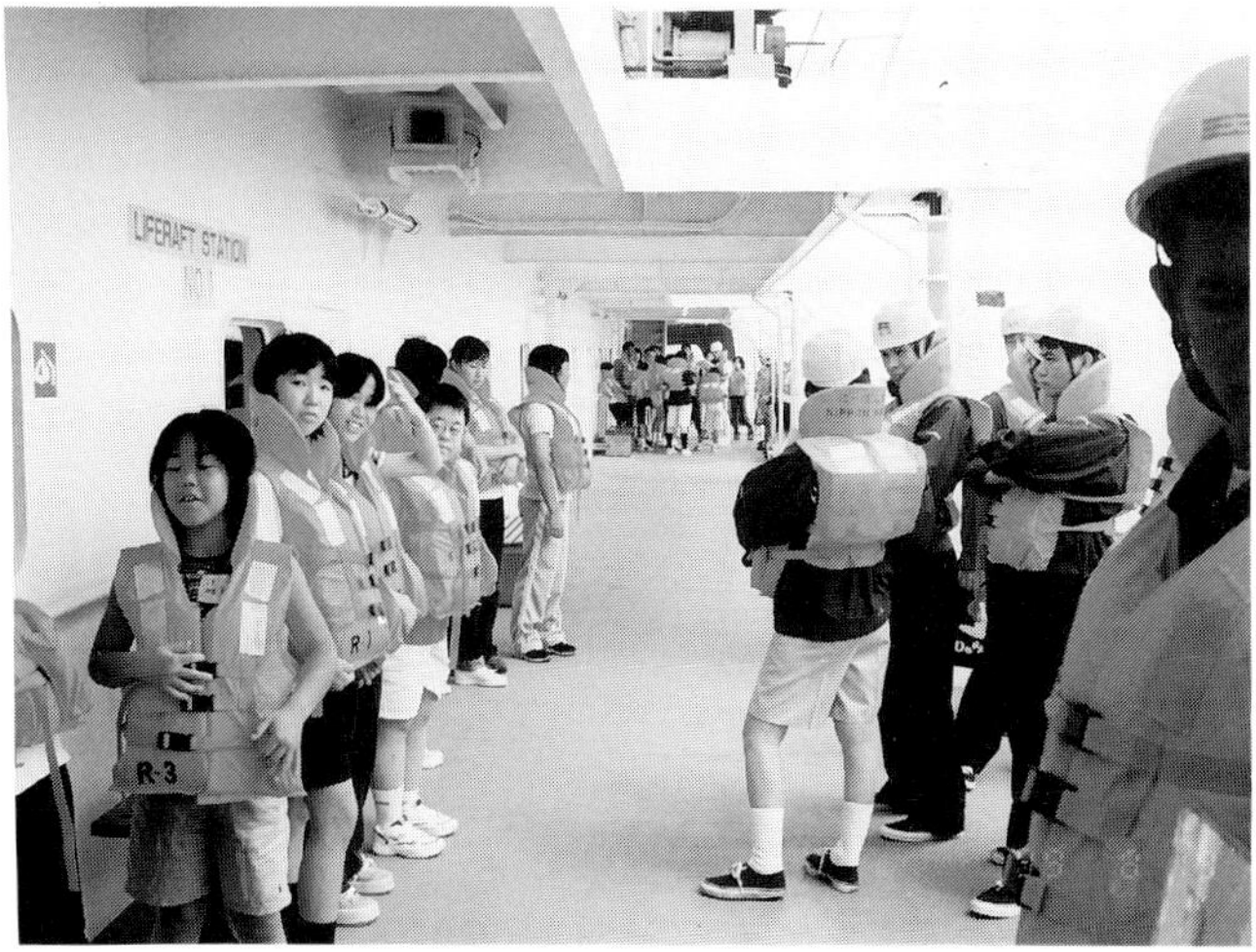

子供たちの避難訓練風景

ミナーで六〇〇人の定員ほぼいっぱいに小・中学生が乗船していたが、出港するのを待ちかねていたかのように、船のあちこちではドンドン・バタンバタンと、景気の良い音が鳴り響いていた。船の床は鉄板製なので、カーペットが敷いてあっても上の階の音がよく響くのだが、彼らにとってそんなことはまったくお構いなしだ。

これでは何か起こるぞと考えないほうがおかしい。と思っている間もなく、男子中学生が右手を胸元に抱えるようにして診療所に入ってきた。それを見てぼくは一瞬、アレッと思った。デジャヴューというべきか、一ヵ月前のシーンの再上映というべきか。過去に引き戻された感じだった。

患者の男子中学生は痛みも手伝ってか、不名誉そうな表情でションボリと俯いている。友達とふざけていて転んだ時に、右手を突いた途端に激痛が走ったのだという。差し出した右手を見て、またまた驚いた。右の第三指が近位指節間（ＰＩＰ）関節で尺側に外転してＶ字型になっているではないか。局所もかなり腫れているし、疼痛も強い。

これなら、誰がみても骨折の可能性が高いことがわかるというものだ。おまけに、同じような男子中学生の指の骨折を一ヵ月前に経験したばかりだ。「これは折れてますね」とかなんとか自信たっぷりの口調で話しながら、早速レントゲン写真を撮った。レントゲン撮影はもう手馴れたものだ。相手が中学生だというので、生徒の下腹部に鉛の防具を着ける余裕まである。そして予想どおりに、右第三指の基節骨近位部の剝離骨折をレントゲン写真上に認めた。

今度は何も迷うことはない。彼にも同じようにＩＤパップで湿布した後にシーネ固定をしたが、不思議なことに、レントゲン撮影が終わり、さあ湿布しようという頃になると、Ｖ字型に曲がっていた第三指はほとんどまっすぐに戻っていた。これも自然治癒力のうちなのだろうか。えらい、えらい！　神様もそれなりにいろいろと考えているのだろう。

当の男子中学生は、前回の彼とほとんどまったく同じく、すぐに左手の使用に慣れたようだった。診療所に顔を出すごとに表情は明るくなり、笑顔さえ見せるようになった。そして、問題なく船上での生活と活動を続け、セミナークルーズの終了と共に元気に下船していった。

ぼくも子供の頃は結構な腕白坊主で、手や足に生傷が絶えなかったものだが、ついぞ骨を折ったことはなかった。バスケットボール部員だった中学生の時に、バスケットボールが当たって親指が九十度以上橈側に外転して、母指球が倍以上の厚さに腫れたこともあったが、骨折はなかった。ひょっとしてあったかもしれないが、そんなことで医者に行くこともなく、したがってレントゲン撮影なども受けなかった。

今どきの子供は、昔の子供に比べて体力が落ちて、特に骨が弱くなったと言われる。それはそれとして、「まったくもって近頃の若い者は…！」と嘆くというのは、すなわち自分自身が歳をとった証拠でもあろう。高齢者が若年者の言動を嘆くというパターンの繰り返しは、歴史が示しているところなのである。

その十五　C型肝炎と肝細胞癌

四月十二日、「にっぽん丸」は東京の晴海埠頭を後にして、いよいよ第四三五次航「二〇〇一年世界一周クルーズ」に向けて出帆した。七月二十一日に神戸に帰着するまでのちょうど一〇〇日の間に、二十三ヵ国二十七港に寄港する長期クルーズだ。今年の世界一周クルーズは、スエズ、キール、パナマの世界三大運河の通過と、サンクト・ペテルブルグをはじめとする北欧諸国各港への日本船籍クルーズ客船としての初寄港が謳い文句である。

しかし船医としては、一〇〇日間の世界一周クルーズだといって浮かれているわけにはいかない。なぜなら、船客の平均年齢は七十歳前後、あらかじめ提出された健康アンケートを見ると、高血圧症（六十八名）、高脂血症（三十三名）、狭心症・心筋梗塞後・心不全後（十四名）、不整脈（十名）、糖尿病（九名）、脳梗塞後（七名）等々、相当気を引き締めてかからなければならない疾患や既往歴のある人が少なくないからだ。

翌十三日の午後二時四十分に神戸に入港。神戸から乗船してくる一〇〇人近くの船客を乗せて慌ただしく午後五時に神戸を出港したが、午前中に七十五歳のMさんが診療所に顔を出した。彼女とは昨年の秋に行なわれた本クルーズの説明会でお会いし、C型慢性肝炎に対して強ミノCを一回につき六〇ml、週三回ずつ静注する約束になっていたからだった。船内の診療所では国民健康保険などが適用されないので、四十三回分の注射薬と注射器具は主治医と相談してあらかじめ会社宛に発送してもらい、すでに船に積み

キール運河（ドイツ）

込んであった。したがって、こちらとしては静注の手技代だけ頂けばよいようになっていた。

東京の下町で生まれ育ち、女学生時代に疎開で東京を離れた時と、勉強で京都にいた時以外はずっと東京住まいのMさんは、今は独りでマンションに住んでいるという。いかにも江戸っ子らしくシャキシャキと歯切れのよい東京弁は、聞いていて心地よいくらいだ。もう何年もほとんど同じ部位に強ミノCの静注を続けているせいだろうか、肘静脈の壁は萎縮して柔らかく薄くなっており、静注後に針を抜くと血液が吹き返してきた。そのため注射の後少し長い時間、局所を酒精綿で圧迫しておかなければならなかった。病院では看護婦さんが注射するので、いつも同じ静脈の同じ部位に注射されるという。ひょっとして、肝機能低下による血小板減少が基礎にあるのかもしれない。そういえば眼瞼結膜は貧血気味で、手足の内出血の痕を指摘すると「あら、どうしたのかしら？」と訝ることがあった。幸い前腕の静脈は駆血によってよく出るので、今後のことも考えて静注する部位を左右はもちろんのこと毎回変えるように提案した。

十四日。「にっぽん丸」は最初の寄港地である台湾の基隆《キールン》に向けて宮崎沖を走っていたが、やはり午前中に五十六歳のN氏が診療所にやってきた。彼とも説明会でお会いして、Mさんと同様に強ミノCを週三回静注する約束になっていた。しかし彼の場合には、強ミノCの一回量が四〇mlだったことと、C型慢性肝炎から進んで肝細胞癌を発症しており、しかも自分自身でそのことを十分承知していることが、Mさんの場合と違っていた。

N氏は若い頃に慢性副鼻腔炎の手術を受け、その時の輸血が原因でC型肝炎に感染したという。インターフェロンが手に入りだしてからその注射を続けて一時ウイルスは消えたらしい。しかしC型肝炎が再発し、肝硬変からついには肝細胞癌を発症したのだという。癌は切除不能と判断されたために肝動脈塞栓術やエタノール注入療法などを受けたが、今では癌が肝臓のかなり広範囲に拡がっており、「強ミノCの注射で辛うじて肝機能を維持しているようですよ」と、まるで他人事のように淡々と話した。食道静脈瘤は？　と訊くと「そうそう、硬化療法も受けました」との返事だった。

Mさんと同様に、病院ではいつも同じ部位に静注されているようだった。静脈は太くてよく出るので、彼にも毎回静注部位を変えていくようにした。

Mさんは今までにエジプトも地中海沿岸もヨーロッパも、かなりあっちこっち観光して回ったことがあるようだった。旅行先でそこの博物館や美術館を訪ねるのが楽しみだという彼女は、「ここの博物館にはこれがある、あそこの美術館ではあれが観られる」と、かなりの博識家のようだったが、それでいて衒《てら》ったようなところは少しも感じられなかった。

ぼくも寄港地に入港すると、できる限り時間を作ってその土地の博物館や美術館を訪ねるのを楽しみにしているので、注射をしながらあるいは注射後に止血を待つ間などにいろいろと話ができた。実際には、Mさんが注射にみえると寄港地でのオプショナルツアーの様子などを尋ねて、ぼくが話の聞き役になることがほとんどだった。女優の杉村春子さんたちと一緒に旅行したこともあるといい、その時のことを楽しそうに話した。几帳面な性格らしく、だいたい規則正しく原則として月、水、金の午前中に診療所にきて静脈注射を受けていた。

一方のN氏は東京の下町で自分の会社を経営しており、仕事の関係で今までに何度も外国に出かけた経験があり、彼も海外旅行に関してはベテランのようだった。「にっぽん丸」による世界一周クルーズも今回で二回目ということで、リピーターの中にもクルーズ仲間が多く彼らの中では人気者のようだった。注射にくるのを忘れることが時々あり、その都度こちらから電話で催促しなければならなかったが、そのような時には「あっ、忘れてました！」とか「えっ、もう注射の日ですか？」などと素っ頓狂な声が受話器の向こうから聞こえてきた。電話をしても船室《キャビン》にいないことが時々あり、探してみるとマージャンに興じていたり船内で催される各種の教室に顔を出していたりもした。このように、すっとぼけたところのある反面、鉄砲玉のような彼だったが、自分自身の病名と病状がよくわかっているせいだろうか、静脈注射のためにベッドに仰向けに臥している時など、天井の一点をじっと見据えて、考え込んでいるような素振りがしばしばみられた。

Mさんは、元気なうちにもっとあっちこっち旅行をしたいと言った。週三回の注射が欠かせないから飛行機や電車を使った旅行は不可能で、船医も乗っているのんびりとした船の旅だから自分も楽しめるのだと話した。「もう歳だし、飛行機を乗り継いで駆け足で回って歩く旅行なんて、もうできないですよ。あれはきついばっかりですからね」と、諦めとも悟りともつかないような、あるいは逆に船旅の気楽さと愉しさを発見した後の悦びとも取れるような、そんな感情を込めてしみじみと話した。マレーアカバ間の四月二十九日とナポリ—マラガ間の五月十五日に感冒に罹り、アカプルコを出港した後の七月二日には消化不良によると考えられる上腹部痛を訴えたがそれ以外はずっと元気で、サンクト・ペテルブルグでは念願のエルミタージュ美術館に行っておおいに満足するなど、ほとんどの寄港地で一日または半日のオプショナルツアーに出かけたりして、クルーズライフを満喫していた。

Ｎ氏は、自分の病気がすでにかなり進行しており食道静脈瘤の破裂や肝細胞癌自体の破裂により大出血を起こす危険がいつでもあることを十分に承知しているようだった。「強ミノＣで肝機能がなんとか維持できているので、その間にできるだけいろんなところを観ておきたいんですよ」と言い、「いつ死んでも悔いはないけれど、死ぬまでの間はできるだけ長く、こうして船旅を楽しみたいですね」とも話した。食道静脈瘤が破裂して大出血をきたせば、応急処置をするこちらとしては感染の危険なども含めて大変なのだが、そんな心配はＮ氏には微塵たりとも眼中にないらしい。まあ、それも仕方ないか。いざとなったら、いざとなった時のことだと、こちらとしては諦めざるを得ない。

N氏は、早くもマレ入港前日の四月二十五日に右の季肋部痛を訴えた。歩くと響くと言い、叩打で増強したが、食欲はあり、黄疸もなく、尿にも異常所見がない。肺肝境界は正常で、触診では肝臓を触れず、肺の聴診でも異常はないので、しばらく安静にして経過をみるように指示した。何かよからぬことが肝臓内で起こっているのかもしれないと心配したが、次に注射にきた時には軽快して、痛みとしてはほとんど感じないというので、ひとまず安心した。後で訊くと、マレでは下船してオプショナルツアーに出かけていたらしい。その後、マレ—アカバ間の四月二十九日と、ルアーブル入港日の五月二十日、それにアムステルダム—タリン間の五月二十五日に風邪をひき、一時三十八℃の熱を出した。それでも、咽頭痛と咳を押してパリへの一泊のオプショナルツアーに出かけるなど、ほぼ当初の予定どおりにクルーズライフを楽しんでいた。しばしば疲れやすいと訴えながらも、肝細胞癌を抱えながら残された命を最大限に生きるN氏の姿は、好きなことをして過ごしているという点を考慮しても、なおかつ感動的でさえあった。

その十六　慢性呼吸障害の急性憎悪

世界一周クルーズに向けて東京を出帆した「にっぽん丸」は、基隆《キールン》とシンガポールに寄港した後、海賊に襲われることもなくマラッカ海峡を無事通過して、インド洋に出た。二年前に「世界青年の船」でインド洋を渡った時には大きくうねっていて船は結構揺れたが、今回うねりはほとんどなく、比較的穏やかだった。四月二十六日にはスリランカの西南西にあるモルジブ諸島のマレに寄港したりして、快適な航海を順調に続けていた。

四月二十八日。マレを出港して二日目。七十三歳のT氏が食欲不振と悪心を訴えて診療所にやってきた。もともと去年の夏頃から食欲が落ちていたらしい。四月十二日に乗船して三日くらいしてから食欲がなくなったということで、この四、五日間はほとんど食べられなくて、水やお茶ばかり飲んでいるという。それでいて、よく訊くと昨日の朝食はしっかり食べたし昼食は麺類を食べたと言い、今朝も少しは食べたらしい。訴えばかり聞いていたのでは病状の把握が難しい典型のようだ。とにかく、空腹感がなく味覚が落ちて食べ物がまずく感じるということが言いたいのだということはわかった。

事前に提出された「健康アンケート」に病名の（したがって内服薬の）記載はなく、「健康には一応自信はあります」とだけ記されている。それでも念のために内服薬の有無を訊くと、不眠のために睡眠薬（ロヒプノール）を常用しており、さらに尋ねると、昨年の暮れに喘息か肺気腫かと言われてテオドールを処方されてその後ずっと内服を続けているという（ここにきて、健康アンケートに記載されていた言葉の真意がわかりかけてきた）。やや時間をおいてさらに詳しく尋ねると、尿酸値が八・〇 mg／dl だったのでザイロリックを内服しているというではないか。出てくる、出てくる。時間をかけて問診を行なうことの大切さがわかるというものだ。

診察すると、眼瞼結膜に貧血はなく、咽頭も扁桃も正常で、心濁音界の拡大はなく聴診でも心肺に異常はない。腹部にも異常所見はまったくみられないし、下腿足背に浮腫もない。健康アンケートの記載内容と次々に出てきた内服薬から考えて、これは何かあるかもしれないと一瞬思ったが、ロヒプノール常用の副作用による食欲不振の可能性を考えて、その服用を一時中止してもらい、プリンペランとセレキノンを三日分処方して経過をみることにした。この時は咳嗽や呼吸困難の訴えはまったくなかった。

五月一日。午前中にT氏受診。「にっぽん丸」はインド洋を無事に渡りきって紅海に入り、次の寄港地のアカバに向かっている。T氏は、食欲はほとんど変わりないが朝食だけは食べられるようになったという。しかし仰向けに寝るのが辛くなったといい、少し話してもすぐに息を継いでいる。呼吸数は一分間二十五、六回で過呼吸の状態だ。そのためだろうか、パルスオキシメーターで測ってもSpO_2は一〇〇%を示している。口唇にチアノーゼはなく手指は温かくしびれも訴えない。血圧は一二〇／九十六で脈拍数は一〇〇と頻脈である。聴診上、肺胞音がやや粗い以外に異常は聴かれない。喀痰もみられない。

話をよく訊くと、もともと腰痛があるために歩行は不十分だったという。それで、今回の世界一周クルーズ中に脚力をつけようかと思っていたらしく、基隆《キールン》とシンガポールで外出して猛暑の中をかなり長時間歩き、その後から体調を崩して呼吸が苦しくなりだしたという。シンガポールは、四月の日本とは比べものにならないほど高温多湿の猛暑だ。昨年四月の健康診断で%肺活量が七〇%しかないと指摘されていたらしく、持参した今年のデータを見ると、肺活量二二九〇、%肺活量七三、一秒率七〇・七とある。これは拘束性というよりもむしろ混合性に近い換気障害と考えるべきだろう。昨年の暮れに、知人と一時間くらい話した後に息苦しくなり、喘息の診断のもとに吸入薬の使用を開始し、その時からテオドールを内服し始めたという。毎日二〇〇本（!）吸っていた煙草は、その時以来止めているという。出てくるわ、デテクルワ。

ここ数日の間、十分に食事していないようなので、とりあえずラクテック五〇〇mlにCパラを混ぜてセミファウラーの体位で点滴を行なった。脱水が引き金になって呼吸機能が急速に低下し、それに伴って心機能も低下した可能性があると考え、ラニラピッド（〇・一mg）も一日一錠処方した。点滴が四〇〇mlくらい入った頃から呼吸困難を訴えて起坐位となったため、点滴は中止して酸素吸入を毎分一lで行なったところ、ものの十分も経たないうちに呼吸困難は解消して脈拍数も減少してきた。酸素吸入を中止してしばらく様子をみたが、楽になったと本人が言うのでそのまま船室《キャビン》に帰ってもらった。ダイニングルームまで出かけるのが辛ければ、食事は船室に運んでもらうように話しておいた。

五月二日。昨日船室に帰ったらまた呼吸が苦しくなったが、夕食にお粥を少し食べたという。脈は九〇で不整はない。今日の点滴は、酸素吸入をしながらゆっくりと行なった。酸素吸入で呼吸が楽になるのか、点滴中は微かな寝息をたてていた。

五月三日。アカバに入港。停泊日のため、診療所は休診。たとえ休診日でも、船医か看護婦のどちらかは必ず船内にいるので、苦しければ受診するように伝えてあったが、結局受診しなかった。

五月四日。スエズに入港して明日のスエズ運河通行の順番を待つ。T氏は、昨日は一日中呼吸が苦しかったと訴えた。しかし今日の午前三時頃から自然に楽になりよく眠ったという。ラニラピッドの内服は続けているという。脈は八〇前後、血圧も一三二／九十六で、食事も朝、昼、夜と少しずつ食べられるようになったという。今日の点滴は二〇〇 ml としたが、点滴中、酸素吸入は不要だった。

五月六日。スエズ運河を出て、エジプトのアレキサンドリアに入港。乗組員のために急遽バスを仕立てて、カイロの考古学博物館とギザの三大ピラミッドを観にいくというので、ぼくも参加する。はるばるエジプトまできていながら、折角のものを見逃す手はない。

考古学博物館に感激しピラミッドとスフィンクスを堪能して夜帰船すると、看護婦の報告が待っていた。昨夜眠剤を服用して寝たが息苦しくて入眠できず、ラニラピッドを一錠内服したところ劇的に効いて非常に楽になり、その後よく眠った。食欲が出てきて昼食は全量食べたが、昼すぎから呼吸が苦しくなり酸素吸入を二十分間行なった。夕食は酸素吸入をしながら摂って楽だった。その後は比較的安静にしている、ということだった。酸素ボンベを船室に運び込んだのだという。

五月七日。午前中に受診。食事は部屋に運んでもらって少しずつ食べられるようになったというが、酸素吸入はその都度続けているらしい。そこまではよかったのだが、その後の話に愕然とした。呼吸が苦しくなりだしたのは、長年続けていた喫煙を昨年の暮れに急に止めたからではないのかと考えて、昨日煙草を吸ってみたら急にまた呼吸が苦しくなりだしたというではないか！

今度煙草を吸ったら生命の保証はできませんよ、と話したうえで、実はこのまま船内で治療を続けることが可能かどうかをすでに考えるべき状態であること、言い換えれば、日本の病院で治療を受けるためには、世界一周クルーズを断念して日本に帰国する時期を考慮すべき状況にあることを、よく説明した。

五月八日。キプロスのリマソールに入港。午後になってT氏受診。やはり食事時には酸素吸入が必要のようだ。いろいろ話をするうちに、％肺活量は数年前からずっと七〇％くらいだったといい、呼吸困難は今年に入ってから少しずつ強くなるようだったという。

酸素ボンベは本船には五〇〇lのものを六本しか積んでいない。酸素吸入を続けるにしても一本あたり八時間あまりしかもたない。すでに二本はほとんど空になっている。寄港地で補充することは可能だが、大西洋や太平洋を横断する時が心配だ。

今までの病態を要約すると、すでに数年前から呼吸機能が低下していたのを、今まではなんとか代償していたものが、基隆とシンガポールでの外出をきっかけにして代償不全の状態に陥ってしまったものと考えられる。このような状態で仮に風邪にでも罹ると、急速に呼吸不全に陥るのは必定だ。そうなると下船して病院に入院することになるのだが、外国の病院に入院することはT氏は望んでいない。日本に帰るのなら今の時期をおいてないだろう。言い換えると、今の時期を逸すると飛行機で日本に帰ることは不可能になり、外国の病院に入院しなければならなくなる。

今までの病状を一番よくわかっていたのは、実は本人だったのだろう。ぼくの説明を静かに聞いていたT氏はしばらく考えてから、「それではナポリで下船して帰国します」と話した。

五月十二日。ナポリ入港。T氏はロー

神戸港のタグボート

マ発成田行きの直行便に乗るべく、奥さんと一緒に下船していった。

パナマ運河を通ってサンフランシスコに入港した七月初め頃、T氏が帰国後に一ヵ月あまりの間入院したという情報が、会社から本船に入った。

その十七　歯冠充填物を誤嚥した

日本を出てほぼ二ヵ月半。スエズ運河を通って地中海に入った後、大西洋を渡りパナマ運河を通って太平洋に出た途端に、日本が身近に感じられるようになるから不思議なものだ。この海の向こうは日本だ！　という感覚である。さらに、北米大陸の西岸を北上してバンクーバーからアラスカはジュノーあたりにくると、これからまる十日あまりをかけて太平洋を渡らなければならないなんて心配はどこ吹く風で、もう日本に帰ったようなものだ。しかし、安心するには少し早すぎたようだった。

ジュノーを出港した翌日の朝八時四十分頃、オフィサーが診療所に顔を出した。オフィサー自ら深刻そうな顔をしてわざわざ診療所に顔を出すからには、何か重要な連絡事項でもあるのかな、と一瞬緊張しながら椅子に座りなおすと、「今朝食事中に、どうも奥歯の歯冠充塡物を飲み込んでしまったらしいんです」とのこと。今までにも何回か外れていたのを、その都度自分で嵌《は》めていたらしい。「これは大変だ！　すぐにでもジュノーに引き返して緊急手術を考えるべきか？」という思いが一瞬頭を過《よ》ぎった。何しろ相手は「にっぽん丸」のオフィサーだ。彼に万一のことでもあれば、無事日本に帰りつけるかどうかわかったものではない。

それでもできるだけ冷静を保って「どのような歯冠充塡物でしたか？」と聞くと、彼は「こんなものでした」と図を描いて示した。見ると「コの

パナマ運河

字」型をしたもので、横から見た図と上から見た図が描いてあり、幅八㎜、深さ四㎜と寸法まで記入してある。さすが、日頃の観察が的確で鋭い。幸いなことにブリッジのように尖った突起の部分はないようだ。前胸部痛も上腹部痛も訴えないということは、とりあえず食道の狭窄部に引っかかっていることはないと考えていいようだ。やや安心して、牛乳や繊維の多い芋類、大根、野菜類などの食品を意識的にたくさん摂るように指示した。X線撮影は後ほど行なうことにしたのは、X線の被曝は一回でも少なくするほうがよいと考えたからだった。以前に、「取れたインレーを飲み込んでしまった人は一人もいない」と書いたことがあるが、ここにきてついに一人、しかもこともあろうにオフィサーが現れた。

オフィサーが歯冠充塡物を誤嚥したと報告した時に思い出されたのは、大学時代に救急病院で当直していた時のことだった。

土曜日の夕方、一歳くらいの赤ちゃんを抱えて、若いお母さんが病院に駆け込んできた。顔面は蒼白で慌てている。子供が裁縫の針を飲み込んだらしいというのだ。とにかく落ち着いてと宥《なだ》めながら話をよく訊くと、飲み込んだのはどうも頭に小さな玉のついた「待ち針」らしい。当の赤ちゃんは、お母さんとは対照的に機嫌よくほたほたと笑っている。ということは、少なくとも食道や胃には刺さってはいないのだろう。とにかく、本当に針を飲み込んだのかどうかを見るためにX線撮影をしてみると、果たせるかな、先端が丸く膨らんだ針状のものが上腹部に映し出された。たぶん胃の中だろう。小さな玉の方が下を向いているのは不幸中の幸いか。

さてどうしたものかと一瞬考えたが、すぐに「繊維の多い食物を食べさせて経過をみること！」という、大学の医局でビールを飲みながら先輩から聞かされていた耳学問が思い出された。授乳はほぼ終了していて、今ではほとんど離乳食であることを聞き出し、牛乳や繊維の多い芋類を食べさせるように話して、経過観察のために入院させた。

　何ごともなくよく眠ったのか、日曜日の朝もその赤ちゃんは機嫌がよかった。赤ちゃんの笑顔を見るとホッとする。お母さんは、今朝の便には針らしきものは混ざっていなかったという。午前中に再度X線撮影を行なってみると、針らしき陰影は右下腹部に認められたが、腰椎の右縁あたりなのでまだ上行結腸には達していない模様だ。引き続き繊維の多いものを食べさせるようにお母さんに話し、今もって自分でも理由はよくわからないのだが、できるだけ腹這いにさせないように指示した。

日曜日の夕方にもう一度X線写真を撮ってみると、針は右上腹部に移動していた。小さな玉が上にあるということは上行結腸の最上部あたりということか。針は確実に順調に、腸の中を運ばれているようだ。「この分なら順調に便に出てきそうですよ」と話すと、若いお母さんの顔にわずかながらも安堵の色が拡がったようだった。

何ごともなく月曜日の朝になった。大学に帰らなければならないのだが、気になったので念のために朝一番にX線写真を撮ってみると、針は左下腹部まで移動していた。S状結腸あたりだろうか。出勤してきた外科の常勤医に経過を申し送ってぼくは大学に帰ったが、その日の昼すぎに、無事に便と一緒に針が出たという連絡を受けた。針は繊維でしっかりと包まれていたとのことだった。

午後五時すぎに第一回目の腹部単純X線撮影を行なったところ、オフィサーの描いた図のとおりの陰影が第四腰椎に重なるようにして認められた。喉頭部、食道の第二、第三狭窄部、ピロルス、トライツ靱帯部などを無事通過して小腸の中央部あたりまできているようだ。よしよし、この調子で小腸の（あるかもしれない）憩室に嵌頓さえしなければ、そして回盲部を無事通過して虫垂に嵌頓さえしなければ、便と一緒に出てくることは間違いなかろう。

オフィサーにはこのように説明したうえで、便は必ずタッパーウェアーでもなんでも適当な器に全量とって、その都度歯冠充填物がないかどうかを確認するように伝えた。もちろん、そのタッパーウェアーは用がなくなったら捨てたほうがよいでしょうと話しておいた。この操作は、当然のことながら相当臭いものになるだろうが、そこは本人の責任でもってやってもらわなければならない。自分のものであれば、多少の愛《いと》おしさも涌いてこようというものだ。

翌日の朝八時。船客に対する船内定時放送の際のオフィサーの声はあまり冴えなかった。やがてその声のとおりの、あまり明るくない顔をして彼は診療所にやってきた。臭いのを我慢しながら便を引っかき回して大切な遺失物を捜してきたのだから、明るい顔をしているわけがないのは十分納得できるし、同情を禁じえない。なんとなく、顔のあたりから臭いが発散してくるようにさえ思われる。

彼は、今朝の便にはそれらしきものはなかったようだといい、「箸で突ついても時間がかかるばかりで、なかなかわかりにくいものですよ」と、苦言を呈する。それなら最後の手段、手の感覚に勝るものはない。これをはめて直接手で探してくださいとゴム手袋を手渡したうえで、第二回目のX線撮影を行なった。「コの字」は右下腹部の腸骨稜の位置に認められた。無事回盲部を通過して、盲腸から上行結腸に移行したようだった。

その次の朝。船内定時放送のオフィサーの声には張りがあるようだった。「ん？ひょっとして無事に出たのかな？」と思っていると、やがてオフィサーから電話が入った。

「出ました！　出ました！　ありました！」。彼の声は受話器の向こうで躍っていた。無事に歯冠充填物が出てきたことに対する安堵と悦びというよりも、これ以上毎朝臭い思いをする必要がなくなったことに対する歓びのほうが大きいような、そんな声音だった。もちろんぼくとしても嬉しかった。それは、オフィサー自身の心配が霧散したことに対してと同時に、こちらとしてもこれ以上心配しなくてすむという意味合いもあったが、その一方で、何となく臭いを発散させるように思えるオフィサーの顔を毎朝見なくてもすむという意味での喜びでもあったことは、正直にいって否めなかった。

午後になって仕事の手が空いたのだろう、オフィサーがわざわざ診療所に顔を出して「これですよ」と、大切な遺失物を見せてくれた。彼の掌に載せられていたものは、ほぼ彼が図に描いたとおりの形と大きさのものだった。彼は、それをいかにも大切そうに、いかにもいとおしげに眺めながら、「周りを包むように繊維が絡んでいましたよ」と呟いた。ぼくは、それを手にとって見る気はしなかった。オフィサーも、今朝便の中から探し出して今掌の上にある歯冠充塡物を元どおりに歯にくっつけてくださいとは言わなかった。

かくして「にっぽん丸」は、無事（？）日本に帰りつくことができたのだった。

その十八　ベトナム性角結膜炎？

平成十三年の「内閣府青年の船」は、前半が「第二十八回東南アジア青年の船」だった。このプロジェクトは平成十二年までは総務庁主催だったが、省庁再編成の関係で今年から内閣府が主催することになったものだ。今年も日本をはじめインドネシア、カンボジア、シンガポール、タイ、フィリピン、ブルネイ、ベトナム、マレーシア、ミャンマー、そしてラオスなどの東南アジア各国の青年達が参加していた。

東京を出港して第四日目の九月十五日に、二十二歳のインドネシア青年が全身の水泡性発疹で受診してきた。水泡の大きさは大小さまざまで、すでに表面がえくぼ（デーレ）状になっているものや一部乾燥しかけているものもある。二日くらい前から発疹が出始めたのだという。咽頭にはやや発赤があるものの、発疹も水泡もなく咽頭痛も訴えない。発熱も中等度だ。水痘をみるのは小児科のポリクリ以来なのだが、これなら教科書的で誰がみても間違えることはない。早速、病室として使用されている一階の客室に隔離収容した。今航は何かありそうだという予感がした。

昼食の後、船医私室で寛いでいると、パーサーズオフィスから電話が入った。団員でコンタクトレンズが取れない人がいるらしいので診てほしいとのことだ。このように、船医には休憩時間などあってなきがごとしだ。早速診療所で待っていると、二十七歳のベトナム人女性が管理部《アドミ》の日本人看護婦につき添われてやってきた。手で右眼を押さえている。角膜に傷でもついたのかなと思ってよく訊くと、数日前から右眼に異物感と痛みがあるという。「コンタクトレンズは？」と訊くと、そんなものはもともとつけていないという。

パーサーの電話と話が違うし、そんなことならどうして診療時間内にこないんだ？　と思いながらも診察すると、右眼の眼瞼結膜が全体に真っ赤でしかも腫れている。球結膜も少し充血している。左眼も少し赤い。本人は、擦ったわけではないし汚れた手で眼を触ったわけでもないという。掻痒感は訴えないし、皮膚に水泡性発疹を認めない。昨日から管理部《アドミ》の看護婦にもらったタリビッド点眼薬を使っているが、異物感は変わらないという。掻痒感がないところをみるとアレルギー性結膜炎ではないようだ。洗眼した後、もうしばらくタリビッド点眼薬を使ってみるように話した。

彼女は翌日もやってきた。一向によくならず、むしろ異物感も痛みも強くなるようだと訴える。それではということで、テラマイ眼軟膏をいれ眼帯をして様子をみることにした。

翌十七日、「にっぽん丸」はマニラに入港した。彼女は朝一番に診療所にやってきたが、眼が痛くて仕様がないという。診ると右眼の角膜に傷がついているようだ。これは大変！　ちょうどマニラに入港したのを幸いに、マニラ市内の眼科クリニックを受診させるように、管理部《アドミ》の看護婦に依頼した。

眼科クリニックから帰ってきた看護婦の話によると、これはどうもウイルス性の角結膜炎らしいので隔離したほうがよいという。早速「NO ADMITTANCE !」と書いた張り紙をドアに貼って、水痘の患者とは少し離れた病室に収容した。

彼女はその後も眼科クリニックに通っていたが、マニラを出港する二十日の朝になって、一向によくならないと訴えてきた。診ると、角膜の傷はよくなるどころか拡がって、一部乾燥しているようにみえる。治療経過がさっぱりわからないので、患者に付き添って眼科クリニックに行くことにした。

九時すぎに再来の受付をすませて待つこと一時間あまり。若い学生のような女性が診察室に招き入れるので「あなた、ドクター？」と尋ねると「そうです」と答える。大丈夫かなと思いながらも今までの経過を説明すると、しばらく診察したり部屋を出たり入ったりしていたが「上級のドクターに診てもらう必要があるので、しばらく待ってください。彼はいま別の病院で手術中のため、ここにくるのは十二時になりますがそれでもよいですか」という。よいも悪いもない。下級よりも上級のほうが良いに決まっている。こちらとしては、彼女がこのまま「青年の船」を続けられるかどうかに関してもちゃんと診断して、しっかりした治療方針を立ててもらわなければ困るのだ。

しかし、十二時になっても上級医師は現れない。もし仮に帰国させるために下船となって今夕の飛行機に乗せるとなると、そろそろ帰船して下船の手続きや飛行機の手配などをしなければならない。受付嬢にそのことを話してドクターはまだかと強く催促する。やがて、遅くなったことを詫びながら、上級医師殿が予定の時刻より三十分あまり遅れて到着した。それなりの誠意を示されたので、ぼくはそれ以上文句は言わなかった。

その上級医師の時間をかけた丁寧な診察の結果、角膜の表面が広範囲に剝離をきたしているので、眼軟膏を塗ったあと眼を閉じた状態を保つためにガーゼパッドで眼瞼を圧迫して絆創膏で固定しておくことになった。左眼の角膜も一部剝離しているので、右眼の次には左眼にも同様の処置が必要らしい。両眼同時にくるのはまれだが、やはり単純疱疹ウイルスによる角結膜炎だろうという。上級医師は「このまきちんと眼を閉じていれば二、三日でよくなりますよ」といとも簡単そうに言うが、角膜が剝離しているとなると下手をすると潰瘍から混濁に至る危険があるし、今までの経過から考えるときちんと眼を閉じておくことは不可能に近い。船にはゾビラックス眼軟膏はないし、伝染性であることも十分に考慮すべきだ。ということで、上級医師とも相談の上で、マニラで下船してベトナムに帰国させることになった。

「にっぽん丸」は午後四時三十分にマニラを後にしたが、出港して間もなく今度は二十六歳の可愛いベトナム嬢が右眼を赤く腫らして診療所にやってきた。「ありゃー！　あれだけ隔離していたのにすでに感染していたか！」。症状はまったく同じだが幸いなことに所見は比較的軽い。「もう少し早く受診していればマニラの眼科クリニックで診てもらえたのに」と思いながらも早速洗眼して、よく眼を洗い流すためと混合感染を防ぐ目的でマイティアＡとタリビッド点眼薬を処方して、経過をみることにした。もちろん隔離して前回と同様、ドアに「NO ADMITTANCE！」と張り紙を貼っておいた。しかし、可愛いベトナム嬢のこと。人目を盗むようにしてしばしば病室に出入りする人影が見られた。

これはやはりウイルス性の伝染性と考えられる角結膜炎に間違いなかろうということで、船内の広域情報通信網（WAN）のロータスノーツを使って、各部署の責任者を通して特に船室を掃除するホテルサービス部の乗組員《クルー》に対して、「客室の清掃後は手を流水でよく洗うことと、できるだけ眼を擦らないように」と注意を喚起した。

二十六歳のベトナム嬢の経過は順調で、九月二十九日には異物感や痛みも消え発赤や腫脹もとれたので、隔離を解除して客室に戻した。

ところが、である。十月一日になって二十五歳の同じベトナム人の男性が、左眼（！）を赤く腫らして受診してきた。診ると今までのベトナム人女性達とまったく同じだが、所見はかなり強い。症状が出てからかなりの期間、放っておいたようだ。よくみると、そのベトナム君は二日前に退院させた可愛いベトナム嬢の病室に出入りしていた男性に似ている。おとなしく並んで座っていたのであれば、どう考えても右眼のウイルス性角結膜炎が左眼にうつるはずはない。彼女は右眼で彼が左眼ということは、お互いに向かい合ってかなり接近していたに相違ない。これはなかなかやるもんだ、と思いながらも、「病室に出入りしていたね？」と言うと、彼は素直に「はい」と答えて、「彼女と同じコンピュータを使っていたものですから……」と苦しい言い訳をしている。いいってことよ。若者たちの気持ちがわからないほどぼくも無粋ではないって。それにしても、近年のベトナムは刷新政策《ドイモイ》がこんなところでも実を結んでいるのかと、妙なところで感心した。

その後、十月二日にはシンガポール人の女性団員と日本人の男性乗組員《クルー》が、そして三日にはタイ人の女性団員が眼瞼結膜の充血を訴えて受診したが、彼らの症状は幸いきわめて軽く、同様の点眼薬の処方でいずれも短期間で改善した。彼らの結膜炎はウイルス性ではなかったのかもしれない。

件《くだん》のベトナム君の角結膜炎は第一例目のベトナム人女性と同じくらいひどかったが、マイティアAを頻回に点眼し、タリビッド点眼薬で混合感染を予防した結果、少しずつながら快方に向かった。シンガポールに入港する前日の三日には、「明日はどうしても外出したい。シンガポール観光を楽しみにしていたのだ。この病気はベトナムではごく日常的にみら

タグボート（神戸港）

れるものだ」などとごねたが、「仮にベトナムではそうかもしれないが、ここは『にっぽん丸』船内であり、今までの経過からみても伝染の危険が高いので、隔離病室から出ることは絶対にだめだ」と諭した結果、不承不承ながらも最後には納得しておとなしくしていた。

二十年近く前に、大学のプロジェクトで「ネパール医療視察診療団」の副団長としてネパールに行った時には、トラコーマや顔面のひどい水疱のために角膜が白濁して失明している人たちを数多くみたものだったが、ベトナムも同じような衛生環境なのだろうか。ベトナム君の「この病気はベトナムではごく日常的にみられるものだ」という言葉が、妙に心に引っかかった。

その十九　降圧薬服用者の足背浮腫

海賊の出没で悪名高い、魔のマラッカ海峡を通過している最中の平成十三年四月二十二日に、筝奏者として奥さんと一緒に依頼乗船してもらっているT氏（七十六歳）が、両下腿から足背にかけて浮腫を認めて診療所にやってきた。東京を出港してからちょうど十日目だった。

彼は子供の頃に両眼を失明したが、筝の演奏を勉強して東京芸大を出たあと筑波大で教鞭をとり、定年後に筝の演奏と筝曲の創作活動で世界を回っている人だ。既往歴を訊くと、高血圧症と非定型好酸菌症に対して治療中で、降圧薬（プロプラノロール三〇㎎）と抗不整脈薬（ピルジカイニド）、それに抗菌薬（レボフロキサシンとリファンピシン）を内服中だ。診ると、特に両足背が水っぽく腫れて皮膚には光沢があり、圧すとポコンとへこむ。以前から浮腫《むく》みっぽいが、尿はよく出ているという。血圧は一回目が一二〇／八〇 mmHg、二回目が一〇六／六十四で、脈拍数は七十八だ。軽い咳をしているが呼吸困難はなく、熱もない。プロプラノロールの副作用の項目にはうっ血性心不全と記載されているが、心不全というほどの所見はない。内服中の抗菌薬にも副作用としての浮腫は記載されていない。足背浮腫の原因は不明だが、血圧がやや低下気味かもしれないと考えて一時的にプロプラノロールを二〇mgに減らし、利尿薬を五日分処方して経過をみることにした。

T氏は翌日も診療所に顔を出して、尿はよく出て浮腫も減ってきたようだと報告した。奥さんが人一倍気のつく人で、T氏にぴったりと寄り添って彼の目になり手足になりして、周囲の状況の細かい解説をしている。T氏の訴えや症状を、彼に代わって一所懸命にまるで機関銃のように、事細かにこちらに伝えようとするものだから、こちらとしては時々、「ちょっと待ってくださいね」と制止しなければならない。T氏自身も時折「そりゃ、違うよ」と訂正を入れている。眼の見えない人に特有な研ぎ澄まされた感覚を、言葉のはしばしに感じとることができる。

二十五日はモルジブのマレに向けてインド洋を航行していた。T氏は、受診日は二日後のはずなのだが、どうせ一つ船の中でほかに行くところもなくて暇なのか、足の腫れはかなり取れたといって顔を出した。血圧は安定している。もともと浮腫《むく》みっぽいというので、あと五日分利尿薬を処方しておいた。

二十八日。ヨルダンのアカバに向けてインド洋を航行中。明日は紅海の入り口のアデン湾に入る予定だ。船足は快調だが患者の足はどうか、といったところだ。T氏の下腿の浮腫はもうほとんど消え、自覚的にもかなり楽になったという。見た目にはわからなかったが、今までかなり辛かったということか。三十日の夜に予定されているメインショーの独奏会に向けて箏演奏の練習に余念がなかった。

五月一日になり下腿の浮腫はほとんど取れた。これで一段落だ。血圧がやや高めに経過していたので、プロプラノロールを一日三〇mgに戻した。九日には足背浮腫がまったく取れたので、利尿薬は中止とした。

その後T氏は、時折風邪をひいたりしていたが基本的に元気で、その後も何回か開かれたメインショーの箏演奏会で熱演していた。

神戸から乗船してきたYさん（七十六歳）が、風呂から上がったら心臓がドキドキして胸苦しいといって夜十一時すぎに受診してきたのは、「世界一周クルーズ」が始まってほぼ二週間が過ぎようとする四月二十五日の夜だった。すぐに手持ちのイソソルビドを一錠舌下服用したという。今年の三月に高血圧症と診断されてバルニジピンとビソプロロールを服用している。診ると両足背が腫れているが、T氏よりもやや軽い程度だ。血圧は一回目一六四／八〇mmHg、二回目も一五〇／八〇と高く、脈拍数も一一八と多い。調べてみると、バルニジピンの副作用として浮腫と記載してあるが、これは血圧の急速降下による循環不全の症状としての浮腫と考えられる。診察している間に胸苦しさは取れたようだ。イソソルビドが効いてきたのかもしれない。血圧が高めなので、バルニジピンの服用量はそのままにしておいて、利尿薬を処方した。

翌二十六日の朝、モルジブのマレに入港。Yさんは元気にマレ観光に出かけていった。血圧が多少高めでも足が多少腫れていても、予定したオプショナルツアーには出かけていくところなど、その根性たるや見上げたものだ。「せっかく世界一周クルーズに参加したんやもん！」と言うYさんの声が聞こえてくるようだ。

二十七日。昨日から今日にかけて尿がたくさん出て足背の浮腫も軽減したといい、血圧も一一〇／七十四に下がっていた。マレで外出したのがよかったのかもしれないと思ったが、しかし物事そううまくはいかないもので、二十八日には血圧が一六〇／八十六と再び上昇し、足背の腫れも昨日と変わらないので、利尿薬をあと三日分追加処方しておいた。

Yさんはその後経過がよかったのだろう。診療所には顔を出さず、船内で会うたびに「その後調子いいです！」という元気な挨拶を返していた。

N氏（七十五歳）も、同じように両足背の浮腫で二十六日に受診してきた。一度、十八日の夜に左下腹部痛で受診した人だ。数年来の高血圧症で、ニフェジピン徐放薬とアテノロールをカリウム製剤と一緒に服用している。既往歴には胃潰瘍で胃切除とある。症状も所見もT氏やYさんとほぼ同様だ。血圧は一回目二〇六／八十四、二回目も一七二／九十二とかなり高い。長く教職にあった人らしくなかなかの勉強家のようで、血圧のこともかなり詳しい様子だ。頭痛や眩暈などは訴えないので、しばらく安静にするように話して、彼にも利尿薬を処方した。

二日後には足背の浮腫はややひいてきたが、血圧はなお一七二／九十六と高い。尿量は増えているという。「降圧薬の量を少し増やしましょうか？」と尋ねると、「もうしばらく、このままで様子をみます」という返事だった。

二十九日の午前十時半から、航海講座を受け持ち「健康講話―高血圧症」と題して一時間にわたって船客を相手に話した。講演の後でN氏が「Jカーブ現象は否定されていませんですよね」と訊くので、素人同士が明らかな根拠もなしに話しても仕様がないとは思いながらも、「一応は否定されているようですが、否定しない人もいるようですね」と返事しておいた。「Jカーブ現象」を知っているとは、やはりかなりの勉強家のようだ。

五月一日にN氏の体重を測ってみると、出港時に比べて一・五kg減ったという。足背の浮腫はかなり軽減し、血圧も一五六／八十四とだいぶ落ち着いてきた。利尿薬をさらに五日分追加処方しておいた。

九日。東京を出てほぼ四週間経過。昨日キプロスのリマソールでツアーに出かけたところ両下肢がだるくなったといって、再受診してきた。血圧は一六〇／八十六で、下腿に軽い浮腫がある。利尿薬を一週間分処方し、しばらく安静にするように指示しておいた。しかし、いくら安静を指示してもオプショナルツアーにどんどん出かけるのだから、あとは自分の責任でやってくださいと言うより仕方がない。ツアーから帰ってきて船にいる間が安静期間ということか。

N氏はその後、齲歯が悪化して下顎の蜂窩織炎を起こした。当の齲歯は少しぐらぐら動いていたが、まず炎症を押さえてと思って、抗菌薬と消炎鎮痛薬を処方して経過をみていた。炎症がかなり治まった頃、歯科医の船客が「これは抜歯したほうがいいですよ」といって、持参の抜歯用器械であっという間に抜歯してくれた。その後ずっと、血圧は安定していた。

四月三十日になって、Oさん（七十一歳）も両下腿の浮腫を訴えて受診してきた。骨粗鬆症にアルファカルシドールを、便秘に市販の下剤を服用している。足の浮腫《むく》みは今回が初めてで、言われてみると最近尿量が減ったようだという。足背の浮腫はさほど強くはない。今までに高血圧は指摘されていないというが、血圧は一四〇／七〇mmHgと、収縮期圧は正常の上限値だ。彼女にも利尿薬を処方した。

五日のこどもの日、午前六時にスエズ運河に入った。午後四時三十分にポートサイドに出るまでの、十時間半の運河の旅だった。午前中に受診したOさんは、尿量は少しずつ増えているといい、腫れも減ってきたようだ。血圧は正常だが、利尿薬をあと三日分出しておいた。これでよくなるだろう。

高齢の高血圧者で降圧薬を服用している人に、足背浮腫がみられることは頻度として高いのだろうか。クルーズで乗船してくる人には、時にみられることがあるようだ。

高齢者では、心・腎機能低下による細胞外液量増加や筋肉量・運動量低下による骨格筋の静脈血輸送能の低下などにより、毛細血管内圧の上昇をきたしやすいといわれている。最近多いのは、α_1遮断薬やカルシウム拮抗薬による薬剤性浮腫で、これは細動脈の拡張が細静脈より著明なためであるという。すなわち、副作用としてα遮断薬には体液貯溜があり、カルシウム拮抗薬のタイプⅡには急速降圧による循環不全があると記されている。

高齢者の収縮期高血圧の治療意義を検討したＳＨＥＰの成績によると、低用量の利尿薬が有効で、脳卒中の発生が三十六％減少し、心血管疾患や心不全、冠動脈疾患なども有意に減少したという。米国エール大学内科の Marvin Moser 臨床教授も、高齢者高血圧治療では低用量のカルシウム拮抗薬と利尿薬の併用が有効であると述べている。

高齢者にとって、クルーズの生活では靴を履いて椅子やソファーに腰かけている時間が陸上の生活に比べて長いかもしれない。狭い船内での運動不足も考えられる。味つけが変わって家庭よりも食塩が多いこともあるだろう。高齢のための低アルブミン血症が根底にあるのかもしれない。高齢者のクルーズ生活は陸上の生活とはかなり異なるのだということを、頭に入れておく必要があるだろう。

サントリニ島（ギリシャ）をバックに

その二十　第十四回世界青年の船

平成十三年十月二十五日。内閣府の「第十四回世界青年の船」で、最初の寄港地であるサイパンに向かった。「東南アジア青年の船」に比べると寄港地が少なく、どこにも寄港せずにひたすら次の寄港地に向けてはしる、いわゆる航海日が続くのが特徴だ。航海日が続くということは、仮に重病人が出た場合、適切な病院に辿り着くまでに時間が長くかかるということなので、医務部にとってはあまりありがたくない航海日程ではある。日本を含めて十五ヵ国の青年達が乗船している。

出港した翌日の二十六日。早速、バーレーンのナショナルリーダーのアブドゥール・ラヒム氏（三十二歳）が、右後頸部の痛みと右腕から指にかけてのしびれを訴えて受診してきた。「青年の船」に参加する前から頸椎症と診断されて治療を受けていたというのに、昨夕から重い荷物を整理していて痛みとしびれが出てきたという。ナショナルリーダーとしての責任感の強さは認めたうえで、絶対に重いものを運んではいけないと伝え、消炎鎮痛薬を処方しポリネックを着けて、安静を指示した。出港して間もなくのためか、すぐに「青年の船」の総括責任者であるK管理官がやってきて病状を尋ねるので、一両日経過をみたうえで「青年の船」継続可能かどうかを判断する旨、説明した。今日の受診者は七名。

二十七日。海はうねりが強い。小笠原の母島を通過した。南アフリカのマスロー嬢（二十歳）が右耳の閉塞感と痛みを訴えて受診。今回が初めての飛行機旅行で、成田着陸時に右の耳がツーンとなって聞こえにくくなった由。今までに診た中で一番細くて暗い外耳道を覗くと、引っ掻いたためか一部に痂皮《かさぶた》ができている。抗生剤入りの軟膏を塗り、バルサルバ法の逆（強く吸い込む動作）を繰り返してみるように指示する。初めてのことなので相当泡を食ったのだろう。

二十八日。アブドゥール・ラヒム氏のしびれは指先のみになった。この分なら「青年の船」は続けられるだろうと、K管理官に伝える。夜中（翌二十九日）の午前一時四十分に急患で起こされた。ニューヨークから参加したラヒージ嬢（二十四歳）が、昨日からの下痢と嘔吐のために脱水状態という。子供でもあるまいにと思いながらも、点滴を一本しておいた。数人の友達を同時多発テロで失ったという。もう大丈夫かと訊くと、うんと頷いていた。仕事は郵便局関係ではないというので、炭疽菌感染の心配はなさそうだ。

二十九日。サイパン入れ出し（入港した同じその日のうちに出港すること）。すっかりよくなったラヒージ嬢も、他の団員と一緒に上陸していった。今日の受診者は、早朝（というより深夜）のラヒージ嬢と、ひどい咳をするフィンランドのアウヴィネン君（二十三歳）、それに昨日から足趾の軽い瘭疽で受診しているイギリスのファーレーン君（十八歳）の三人だけ。われわれ乗組員は、ＵＳＣＧ（米国沿岸警備隊）の指示による消火訓練と避難訓練で多忙だった。

三十日。次の寄港地のフィジーに向けて八日間の航海が始まる。夜になって、フィンランドのワイマー嬢（二十四歳）が連れてこられた。今夕、日本酒の樽酒が振舞われ、二口三口飲んだところ腹痛をきたしたという。変な国の変な酒を飲んだことが不安なのか、かなり興奮している様子だ。腹部所見はたいしたことはなくむしろ興奮状態が強いので、フェノバールを注射しようとしたら注射は嫌だと拒否する。仕方ないので、早く寝なさいと言ってそのままお引き取り願った。人騒がせな患者もいるものだ。

十一月一日。午前十一時すぎに赤道を通過して南半球に入った。今日も夜になってから、エジプトのキャメル君（二十七歳）が、右の示指が折れたと騒ぎながらやってきた。転んだ時に小太りの自分の身体が指の上に乗っかったという。腫れていないし内出血もないが、触診すると大袈裟に痛がる。「これは単なる捻挫だと思うが」と言いながら、念のためにX線写真を撮ったが、やはり骨折はなかった。骨折がないことを知って当のキャメル君、途端に大人しくなった。それを見て、エジプトに行った時に駱駝がビービー鳴いていたのを思い出した。

二日午後。六階のピアノラウンジで人が倒れているという電話が入る。意識はあるというので、ストレッチャーで診療所まで連れてくるようにスチュワードに伝える。スポーツデッキでフットボールをしていて、転んだ際に後頭部を打ったらしい。反射などの神経学的異常などはないがJCSの2（軽い見当識障害）なので、夕方までベッド安静とした。バーレーンのアレフ・ムラード君（二十七歳）だった。アレフとはどこかで聞いた名前だ。これでバーレーン人の受診者は、歯肉炎できたアミン君（二十二歳）を含めて三人になった。船はガダルカナル島を右舷側にみながら、快調にはしっている。

五日。エジプトのアボウ・ジード嬢（二十三歳）が便秘を訴えてきた。エジプトを出て以来、なんと三週間も便通がないとは！　上から押し出すと大腸が破裂する危険があると思い、下から引き出す目的でイチジク浣腸を処方した。これで駄目なら、次はグリセリン浣腸か摘便だ。バーレーンのアブドゥール・ラヒム氏とムラード君が揃って再診。二人とも、まったくといってよいほど回復している。今日の受診者は久しぶりに六人だった。

六日。フィジーのスヴァに入港。検疫官が三人きて、マラリア罹患者はいないか詳しく訊き、救命艇内部の水溜りにボーフラがいないかどうかまで確認した。ここにはハマダラカは生息していないのだそうだ。今日の受診者はゼロ。郵便物を投函しに、歩いて中央郵便局に行ってきた。

七日。午後六時にスヴァを出港してから、またまたバーレーンのアル・ハシミ嬢（二十二歳）が歯の痛みを訴えて受診。右下の臼歯に大きな穴が空いている。「青年の船」に参加する直前まで治療を受けていたが、詰め物が取れてしまったのだという。もっと早く言えば、スヴァで歯科医に診てもらえたのに、といっても時すでに遅し。水硬性仮封材《テンポラリーシール》のキャビトンで穴を閉じて、次のオークランドで必ず歯科医を受診するように話した（しかし、結局受診しなかったらしい。ということはぼくの治療がよかったということか）。

八日。アラブ首長国連邦のクハージャ君（二十六歳）。顎下リンパ節の腫脹と疼痛を訴えてやってきた。両側の扁桃腺がかなり腫れている。抗菌薬と消炎鎮痛薬を処方した。エジプトのアリ嬢（三十歳）も便秘という。先のアボウ・ジード嬢ほどはひどくないようだ。エジプトの女性は便秘しやすいのかなと思う。

十日。ニュージーランドのオークランドに入港。歯の一部が欠けて取れた日本のO嬢（二十一歳）と歯冠充塡物が脱落した同じく日本のM君（二十二歳）が受診。O嬢の場合、欠損物が二×二ミリくらいとあまりにも小さくて上下左右どちらかわからないため、オークランドの歯科を受診するように話す。M君の充塡物はテンポラリーパックでうまくくっついた。

十一日。市立美術館と国立海洋博物館を観に外出した。帰船すると、アドバイザーのオーストラリアのネザリー氏（四十一歳）が高血圧と頭痛を訴えたと、管理部《アドミ》の看護婦から連絡が入る。診察すると頭痛は治まり血圧も正常の上限まで下がっている。くも膜下出血の徴候はない。安静を指示しておいた。

十二日。午後六時にオークランド出港。これから二十五日にシンガポールに着くまで、どこにも寄港せずに航海日が続くことになる。重病人が出ないことを祈る。今日も受診者ゼロ。

十四日。オークランドを出港して二日目。ケニアのオディアンボ君（二十二歳）が右鼠径部の痛みを訴えて受診してきた。同部のリンパ節が有痛性に腫大している。右の下肢に外傷はない。大腿静脈に沿って圧痛がある。計測すると大腿も下腿も左に比べて一・五～二センチくらい太く、下腿の静脈が軽く怒張している。右下肢の血栓性静脈炎と診断し、抗菌薬と消炎鎮痛薬を処方して安静を指示した。日本にくる際のエコノミークラス症候群にしては、時間が経ちすぎている。フィジーの海岸で泳いだというが、原因は不明だ。今日で三週間が終わる。

十五日。オーストラリア東岸のグレート・バリアー・リーフのはるか沖合を北に向けて航行中。

十六日。日本のM嬢（二十九歳）。咳が出て辛いといってきた。軽い喘息があり時々吸入薬を使用するという。聴診上は、気管支音がやや粗い程度で喘鳴は聴取されない。念のために、気管支拡張薬と鎮咳去痰薬を処方しておいた。アラブ首長国連邦のクハージャ君とケニアのオディアンボ君はだいぶよくなった。スチュワード（二十九歳）が、カッターで指先の皮膚を中間層まで削ぎ落としてやってきた。削ぎ落とした皮膚を持参しているので、消毒してそのままくっつけたところ、出血が止まった。脱落してもともとだが、このほうが痛みが取れるはずだし傷も早く治るだろうと話す。

十八日。以前に足趾の瘭疽で受診していたイギリスのファーレーン君が一週間の便秘で受診。覚えたての日本語で「ベンピ、ベンピ」と言っている。浣腸は嫌だと言うので、下剤を処方して様子をみるように話す。ゲリも嫌だがベンピも困る。リバプールからきた彼はぼくの英語がきれいだと盛んに持ち上げるが、「ザ・ライン・イン・スパイン・スタイズ・マインリー・イン・ザ・プライン」と発音する人にほめられてもあまり嬉しくない。

十九日。歯の一部が欠けてオークランドの歯科医で接着してもらったO嬢が、今度は耳の穴が痒いといってきた。痒ければ引っ掻けばよさそうなものだが、引っ掻くと痛くなってくるという。覗くと、こちらは今までにみた中でもっとも太くて広い外耳道だ。耳垢はまったくなく発赤もない。あまり強く引っ掻かないように言って、オイラックスH軟膏を塗っておいた。

二十日。オークランドを出て八日目の航海日。アドバイザーのナイジェリアのオビ氏（四十五歳）が熱発で受診した。しばらく前に解熱薬を飲んで、今の体温は三十七・五℃と微熱程度だが、よく訊くと四年前にマラリアに罹ったことがあるという。普通のマラリアで、いわゆる脳マラリアではないとのこと。アスピリンを処方して経過をみる。下肢の血栓性静脈炎のオディアンボ君は、痛みはほとんど取れたが下肢のだるさと腫脹はまだ少し残っている。抗菌薬を追加処方しておいた。

今日二十四日で今航三十一日目。スチュワードの指先の皮膚は結局脱落したが、表皮化は順調だった。スチュワーデス（二十一歳）は持病の片頭痛だ。乗組員の受診がこの四日間で延べ九人と、多くなった。乗組員も疲れが出だしたようだ。

二十五日。まる十三日間の航海の後にシンガポールに入港。日本のI君（二十三歳）が歯冠充填物が取れたといってきた。これで歯科関係の受診者は九人目となる。

二十九日。明日はタイのバンコクに入港する。二日間受診者がいなかったと思ったら、今日五人受診した。そのうちの一人は、以前に右下肢の血栓性静脈炎で受診していたケニアのオディアンボ君だった。もともと喘息があり、昨日の夜頃からなんとなく息苦しいという。聴診上喘鳴は聴かれないし肺塞栓症ほど重篤な症状ではない。船の上では早めの対応が大切なので、念のため気管支拡張薬を処方しておいた。

十二月四日にシンガポールに再入港。五日には日本人以外の参加青年は「青年の船」を終えて下船し、六日の十時に「にっぽん丸」はシンガポールを後にして、帰国の途についた。

シドニーのオペラハウス（オーストラリア）

その二十一　真夜中の電話

「そちらにアンネのナプキンを置いてませんか?」

電話のベルに起こされて慌てて取った受話器からいきなり聞こえてきたのが、この台詞だった。

「えーっと、ちょっと待ってくださいよ」と言いながら、ぼくは枕元の電灯を点けて腕時計を見た。午前二時を少し回っている。

「どういうことですか?」

状況を判断しかねて、混乱した頭のままぼくは問い返した。

「先ほどから、生理が始まってしまったんですよ」

「生理が始まってしまったって……。ここは船医の私室ですよ」

「だから聞いてるんです。そちらに生理のナプキンは置いてないんですか?!」

今までずっと起きていたらしく、はっきりした口調でポンポンと聞いてくる。こちらはちょうど寝込みを襲われた格好で、まだ朦朧としている。

「ぼくは男だから使わないし……。診療所にも置いてませんねえ……。準備してこなかったんですか？」

「うっかりしてたんです。そちらにはないんですか！」

声の調子からすると二十歳代後半のようだが、ものの言い方がいかにもぶっきらぼうだ。

十二月十五日。「ふじ丸」は、サンタクルーズの船客を乗せて午後七時に博多を出港し、山口県沖の日本海を航行していた。この「サンタクルーズ」はクリスマスシーズンの目玉商品で、クリスマスディナーやクリスマス特別ショー、各種クリスマスイベント、生演奏によるソーシャルダンスタイム等々を盛り込んだ、豪華ワンナイトクルーズである。今年度は「ふじ丸」が西日本を担当して、大阪や神戸、博多、松山などを発着港として順次催行していた。船のメインロビーには大きなクリスマスツリーが飾られ、鮮やかなポインセチアの鉢植えが船内各所に配置してあり、船客も華やかにかつ艶やかに着飾って、夜遅くまでクリスマス気分を満喫しながらクルーズナイトを楽しんでいた。

真夜中の二時すぎにわざわざ船医の私室に電話してくるともなれば、出血量が異常に多いとか出血が止まらないとかの緊急事態でも起こったのかもしれない。寝込みを襲われて朦朧とした頭でも、そこは医者の端くれだ。咄嗟《とっさ》にそう思って尋ねてみるが、そんなことは全然なくて、いつもの生理となんら変わらないという返事だ。

「どこかにないんですか?!」と、なおも詰問調に聞いてくる。

「待ってくださいよ。えーっと……。三階のショップで売っていると思いますけれど……」

「今、開けてますか？」

このあたりに至って、やっとこちらの頭もはっきりしてきた。

「船内新聞の『Port & Starboard』にも書いてあるとおり、ショップは午後十時で閉まってますよ。今は、夜中の二時すぎですよ」

「だったら、どうしたらいいのかしら」

少なくとも医学的に救急処置を要するような緊急事態ではないことがわかって安心したこともあって、ぼくは次第に苛立ちを覚えてきた。生まれて初めて生理が始まったのなら話は別だが、いつもの生理が始まったくらいで夜の夜中に船医に電話してくるほどのことか！

「あなたねえ。生理の処置はどうしてもナプキンじゃなきゃいけないんですか？」

「……」

「緊急の時には、たとえばティシューペーパーとかトイレットペーパーでもナプキンの代用になるんじゃないんですか？」

男のぼくには微妙なところはわからないが、ナプキンが発明されるまでは大抵そのようにしていたのだろうことくらいは、誰にだってわかる。

「じゃあ、いいです」

これまたぶっきらぼうに、ガチャンと受話器を置く音で電話が切れた。

今のはいったい何だったのだろう。声の調子と話し方から推察すると、生理とのつき合いが始まってすでに久しい年ごろのはずなのに、急に生理が始まったからといって夜の夜中に船医の私室に電話してくるとは、いかなる精神なのだろう。確かに、普通の人とは違って医者に向かってなら、いきなり生理の話をしても羞恥心は涌かないだろうことくらいは想像できる。そのことは了解したうえでなおかつ、今どきの若い女性には、日本女性に古来より備わっているはずの、恥じらいという奥ゆかしい感情はないのだろうか。

ナプキンがない時に、咄嗟《とっさ》に別の何かで代用するという考えは涌かないのだろうか。ありとあらゆるものが既製品化されパック化されてしまった今日、代用になるものを考えつこうという思考体系はすでに遠い過去のものなのだろうか。それよりも何よりも、急に生理が始まったからといって、夜の夜中にナプキンがないかと電話してくることを、なんとも思わないのだろうか。人の迷惑を考えることができないのだろうか。

ぼくは、唖然としたまま握り締めていた受話器を元に戻し、枕元の電灯を消して再びベッドにもぐり込んだ。さあ寝ようとしたのだが、あれやこれや考えると無性に腹立たしくなってきて、安眠どころではなくなってしまった。結局のところ目が冴えてしまって、辺りが白けだす頃まで悶々としながら何度も寝返りを打った。

夜が明けて午前の診療時間になってから、ぼくはことの次第を看護婦に話した。乗船勤務の経験の長いベテランの彼女はぼくより三歳年下だから、ナプキンの類は食事の時に口元を拭くために使うだけになっているはずだ。

「本当に仕様がないですね。ずっと以前にも、若いスチュワーデスがナプキンをもらいにきたことがありましたよ。あの時は私がちょうど持ってたのでよかったんですけどね。本当に、最近の若い娘は突拍子《こ》もないことを平気でやりますからね」

彼女は苦笑いしながらも、それほど驚いた様子もなく淡々と話したが、ぼくはまだ呆れたままだった。

一般に、豪華外航客船は洋上に浮かぶホテルとも称される。「ふじ丸」は地下二階地上八階で、吃水線から一番高いトップデッキまでは二十三メートルの高さがあり、イルミネーションに照らされた白い船体を見上げると、なるほどホテルといってもおかしくないと納得できるくらいだ。

市中のホテルのレセプション・カウンターは原則として二十四時間オープンしているはずだが、仮に宿泊客がナプキンを要求すれば、ただちに応じられる体制をとっているのだろうか。航海中、操舵室《ブリッジ》には航海士《オフィサー》と操舵手が二十四時間体制で勤務しているのだが、まさか若い女性がむくつけき海の男に「ナプキンはありませんか？」と訊くわけにはいくまいし、もともと操舵室《ブリッジ》にアンネのナプキンなどあろうはずがない。

　本来は船のインフォメーション・カウンターを二十四時間オープンして、船客のこれらの要望に対応できるようにすべきなのだろう。しかし、乗り組んでいるフロントパーサーは二人か三人なので、二十四時間体制をとることは現時点では不可能に近い。となると、一番手っ取り早い解決方法は、診療所にナプキンを常備しておくことだろう。しかし、一年に一回使われるか使われないかほどの頻度でしかないのに、常備しておく必要が本当にあるのだろうか。あれって、使用期限があるのかな？

　仮に、診療所にアンネのナプキンを常備するとなれば、急に生理が始まったからと

屋久島港に停泊中の「ふじ丸」

いって夜の夜中に電話してくる女性に、わざわざ起きだしていってナプキンを渡してあげなければいけなくなるのか。嗚呼。

その二十二　コレラの予防接種の件

今日は碇泊日なので診療所はお休み。船客はオプショナルツアーに出かけてしまって船内は静かだ。ぼく自身外出する予定もないので、徒然なるままにパソコンに向かって、船医になって以来自分に何ができたかについて少しばかりまとめてみようと思う。

ぼくが一九九八年に入社した当時、我が社では全乗組員に対して、半年ごとにコレラの予防接種が行なわれていた。「ふじ丸」も「にっぽん丸」もともに外航クルーズ客船で、東南アジアなどのコレラの汚染地域に出かけることが多い。そのために会社の方針で慣行となっていたコレラの予防接種は、イエローカード（予防接種証明書）の管理を含めて医務部としての大きな仕事の一つだった。

乗組員のほとんどが次回の接種時期を忘れているため、月の初めには今月の接種予定者とその日付を一覧表にして掲示板に貼り出し、期限当日の夕方になっても接種にこない者に対しては、その都度本人に電話で連絡しなければならなかった。したがって、乗組員は半年に一度は診療所にきて痛い思いをしていたが、なかには、「注射したことにしておいて」といって実際には接種を忌避するずるい者がいた。そのような不心得者はたいていそれなりの役職にある者で、仕方ないなと思いながらかどうかは知らないが「はいはい、わかりました」といって、実際には接種せずにイエローカードにサインだけしてすます船医も、かつてはいたようだった。

　ぼくはいってみればいわゆる堅物《かたぶつ》なのだろうか。「サインだけしておいてくれますか」と頼まれたことがあったが、「接種もしてないのにサインだけすることは医師法違反になるので、そんなことはできません」とつっぱねてきた。その代わりといっては語弊があるかもしれないが、局所の発赤や軽度の発熱、頭痛などの副作用がでるにもかかわらず、自分でも定期的にちゃんと接種を受けてきた。自分が接種を受けているからこそ、他人にも強要できるというものだ。

　コレラの予防接種が決められているのなら、自分自身予防接種を受けるのはもちろんのこと、船医として乗組員に対して予防接種をするのも当然のことと思っていた。我が国の予防接種法はいざ知らず、国際検疫法で決められたことと思っていたのだ。ところが事実は違っていたのである。

我が社には、時として、親会社の商船三井(株)から甲板手《シーマン》や操機手《オイラー》などの船員が派遣されてくる。彼らにコレラの予防接種をすると、「前の会社ではこんな注射はされませんよ」という。え、本当に？　そう言われてみれば、クルーズで乗船してくる船客はコレラの予防接種は必須ではないし、ぼく自身も今までに台湾やインドで開かれた国際学会に出席した際に、コレラの予防接種は要求されなかった。

だいたい、コレラに罹患する危険は、東南アジア諸国でオプショナルツアーに出かけてはあちこちで食事をする船客のほうがよほど高いのに、頻繁に外国に出かけてコレラに関しては日頃からよく注意している乗組員だけが予防接種をしなければならないというのは、どうも変だ。現に、日本国籍の各種船舶に乗り組んでいる船員のコレラの罹患は、ここ十年間に一件もないのだ。ということで、詳しく調べてみることにした。

診察デスクの引き出しにあるファイルの中に、日本船主協会から出された「コレラ予防接種について」という文書のコピーを見つけた。それには、「コレラの予防接種については、WHOの国際保健規約の変更（一九七三年）により、現在、入国の条件としてコレラのイエローカードを要求する国はごく一部にまで減少している。その理由は、これまでの注射によるコレラワクチンの接種は有効期間が短く、不完全で、信頼性の低い予防しかできないため推奨されていない」と明記され、WHOのInternational Travel and Health のVaccination Requirements and Health Adviceが参照資料として添付されていた。なんと、そのコレラの項目には、

「Vaccination against cholera cannot prevent the introduction of the infection into a country. The World Health Assembly therefore amended the International Health Regulations in 1973 so that *cholera vaccination should no longer be required of any traveller.*」

と記載されているではないか！

コレラの予防接種が無効でありもはや無用であることを、WHOがはっきりと表明しているのだ。おまけに「…should no longer be required…」とかなり強い口調

である。

　これは大変だ。医師としては、ＷＨＯが無効であると公式に表明しているワクチンを――しかもそれなりの副作用があるものを――、健康な人に対して強制的に注射するわけにはいかない。予防接種を受けているからと安心して、コレラに汚染されている可能性のある食品を口にする危険も大きい。さらに調べてみると、我が国の予防接種法と検疫法には、コレラの予防接種を義務づけている条項や文言《もんごん》はどこにも見当たらない。ＷＨＯがすでに一九七三年に上記のような勧告を出しているのだから、当然といえば当然だ。

　会社側の考えを確認してみたところ、数年前に一度コレラの予防接種を止めようと考えたが、止めないほうがよいという船医がいたので、そのままになっている。自分としては止めたいと思うとか、あんなものは早く止めてしまえばいいという意見もあった。しかしあるチーフパーサーは、「東南アジアには、入港時に乗組員のイエローカードリストの提出を要求する国があります。提出しないと、入国手続きを故意に遅らせたり賄賂として金品を要求したりする、いわゆる『官憲の嫌がらせ』があるようです。もし入国手続きが遅れると、船客がオプショナルツアーに出かける時間が予定よりも大幅に遅れることになり、船客からのヘビークレイムは免れようがありません。そのために、乗組員に対してコレラの予防接種は必要なのです」と話した。

物事をすべて船客第一に考えて対処しようとするのは、チーフパーサーの立場としてわからないでもない。しかし船医であるぼく自身は、医師としての考えと信念を優先させて、医学的見地から物事に対処すべきであると考えた。

乗船勤務中の船員としての要請を会社に伝える場合には、「出状」という手順を踏まなければならない。これは会社内における公式文書で、主として船長名で発信されるものだ。ぼくは、WHOが無効と認めているコレラの予防接種は可及的早急にその実施を中止すべきこと、官憲による（あり得る）嫌がらせを予防するために当該国（港）の検疫担当関係省庁に対して「イエローカードの提示は不要である」旨の確認を会社として取りつけておくこと、事情により入国手続きが遅れることがあり得ることを旅行約款に明示してあらかじめ船客の了解を得ておくこと、などを船長と連名で海務部長宛に出状した。その際、同じクルーズ業界の他社の対応も調査するように依頼した。これが平成十一年の九月。入社から一年五ヵ月経っていた。

ぼくは念のために、日本政府の軍縮会議大使としてジュネーブに出発直前の友人のN氏に、日本の外務省から当該国の検疫担当関係省庁に対して、コレラの予防接種はもはや不要であることを徹底させるように働きかけることはできないかどうか問い合わせてみたが、これは国が関わる問題ではないとの返事だった。

その次の段階として、東南アジアなどの国に出かけた際に、入港時の検疫に必ず立ち会って実際にイエローカードの提出を要求するかどうかを調べた。平成十一年九月から総務庁（当時）の「青年の船」で中東からアフリカ、東南アジアなどの各国の港に入港した際には、マレーシアとインドネシアの二港を除いてイエローカードの提出を求めた港はなかった。すなわち、上記二港の検疫官はイエローカードリストの有無を尋ねたので、WHOの通達を示しながら「コレラの予防接種は検疫上すでに不要になっているはずだが」と問い質《ただ》すと、「確かにそのとおりだが、できればリストがあったほうがよい」という。その理由は、コレラが地方病であるフィリピンやインドネシア、ベトナムなどの人達にはあったほうがよい（マレーシア）

とか、以前にバリ島でコレラが流行ったのは外国船がコレラを持ち込んだためだからだ（インドネシア）などだった。皆、他国の責任にしたがるようだ。

平成十二年三月に「東南アジア周遊クルーズ」で東南アジア各国を再訪した時には、ベトナムのホー・チ・ミン港でイエローカードの提出を求められた。検疫官が一枚ずつチェックし終わるのを待って、ぼくは次の質問を検疫官に浴びせた。

「WHOがすでに無効であり不要であるという通達を出しているのに、なぜイエローカードのチェックをしたのか？　同じベトナムのダナンではまったくチェックがなかったのに、なぜここではチェックするのか？　なぜ船客はなくて乗組員だけなのだ？　われわれは数年の内にWHOの通達に従ってコレラの予防接種を中止する予定だが、次回ここに入港する時にも今回と同様にチェックするのか？」

それに対する検疫官の返事は次のようなものだった。

「今までもやっているので今回も行なったまでだ。WHOの通達は読んで承知しているのだが…。乗組員だけのチェックは確かにおかしいと思う。次回入港時にはたぶんしないだろうと思うが…」

そして、ぼくがWHOの通達のコピーを渡そうとしたら、「事務所にあるので要らない」とのことだった。もちろん、入国手続きの遅延や金品の要求はまったくなかった。

ぼくは以上の経緯から、「検疫に際して入国手続きを故意に遅らせたり金品を要求したりすると考えるのは杞憂にすぎず、したがってコレラの予防接種は中止できるとの確信を得るに至った」と、海務部長に宛てて報告書を提出した。これが平成十二年の三月だった。

その年の十月になってやっと、コレラの予防接種を廃止する旨の通達が、会社から各乗組員に明示された。通達文書に併記されていた他社の動向の欄には、商船三井（親会社）は二年前より廃止し問題なし、郵船クルーズは昨年より

石川啄木記念館（釧路）

廃止し特に問題なし、とあった。入社からちょうど二年半が経過していた。

あとがき

六〇歳の定年まで五年を残して、東京のさる有名な病院の外科部長の職を辞して船医になって、四年余りが過ぎた。月日の経つのは早い。

船医の生活は、おおむね三ヵ月の乗船勤務と一ヵ月の陸上休暇の繰り返しだ。したがって、一年のうちだいたい九ヵ月間は乗船勤務している計算になる。陸上休暇が続くと早く海に出たくなるのだが、逆に、乗船勤務が続くと下船までの日数を指折り数えるようになる。下船までの日数を指折り数えるということは、よく考えてみると、自分に残された時間が減っていくのを指折り数えることに他ならないのだが、下船休暇に入り勤務から解放されて全く自由な時間がもてるという目前の喜びはまた、それなりに大きいのである。

我が社では乗船する船医は一人きりなので、乗船勤務が始まると日曜祭日関係なく連日日勤当直しているようなものだ。二十四時間拘束で精神的には疲れるが、日々の診療が船内での単調な毎日に変化を与えてくれるともいえる。本書は、船内のそのような単調にみえる日々の診療で出会ったさまざまな出来事をつづったものである。

乗船している船医が一人であるということは、原則として全科にわたって診療しなければならないということである。ときには医科のみならず歯科までも診なければならない。本文中にも書いているが、陸上の病院とは違って船内の診療所では十分な検査ができないので、時間をかけた問診と、丁寧な視診、触診、聴診、打診、嗅診、味診（？）などの理学的診察がきわめて重要だ。大学の教官時代や私立病院の外科部長時代はもちろんのこと、内科診断学と外科総論を勉強していた学生時代を一所懸命に思い出しながら診療しているというのが実情である。

本書は、日本医事新報のメディカル・エッセイ欄に投稿して掲載された「航海診療日誌」に少しばかり加筆したものである。乗船勤務する客船が「ふじ丸」と「にっぽん丸」とあるのは、当時両船とも我が社の外航クルーズ客船であり、原則として交互に乗船勤務していたからである。

最後になったが、一冊の本にまとめて出版することを提案し、都度適切な助言と指導を戴いた㈱新興医学出版社の服部秀夫社長に対して、深甚なる感謝の意を表する次第である。

平成十四年九月

尾崎　修武

著　者　略　歴

尾崎修武（おざきおさむ）

1942(昭和17)年9月10日　東京に生まれる。
1968(同43)年　鳥取大学医学部卒業。
1976(同51)年　同大学第二外科講師。
1983(同58)年　伊藤病院外科部長。
1998(平成10)年　商船三井客船船医。
現在に至る。医学博士。

〈著書〉
「小さな地球儀　－修武のアメリカ便り－」（文藝春秋）
「甲状腺腫瘍アトラス」（金原出版）
「ドクター尾崎の航海記」（成山堂書店）

第1版発行　平成14年10月30日

豪華客船の診察室
－航海診療日誌－

定価（本体1,800円＋税）

検印省略

著者　尾崎修武

発行者　服部秀夫
発行所　株式会社新興医学出版社
〒113-0033　東京都文京区本郷6-26-8
電話　03(3816)2853
FAX　03(3816)2895
E-mail　shinkoh@vc-net.ne.jp
URL　http://www3.vc-net.ne.jp/~shinkoh

印刷　株式会社春恒社　ISBN4-88002-456-2　郵便振替　00120-8-191625